河出文庫

植物誌

佐藤達夫

河出書房新社

目次

1月〜3月

植物誌

Jan.~Mar.

1月～3月

福寿草

名まえからしてそうだが、まったく正月の床の間にふさわしい純日本的な花である。

Adonis の属名については、この花がヴィナスに愛された美少年アドニスの血から咲いたというギリシァ神話がある。しかし、おそらくこれは、*Pheasant's eye*（雉の眼）といわれる赤い花の外国種のことで、あの黄金色の日本在来のフクジュソウには縁のない伝説といえよう。フクジュソウは、北海道から九州にかけて、ところどころに群生しているけれども、野生品の花季は、茎ののびた三月以後で、格好もなんとなくやぼったいし、室咲きの鉢植をみなれた目には別のもののように見える。

それを栽培して、正月の飾りにするようになったのは、江戸時代のことといわれるが、そのむかし、数多い春の山草のなかから、いみじくもこの花を選びだした先覚者は、いったいどこの誰なのか、いずれ名もない町の好事家（こうずか）にちがいないが、その人こそは、〝アトラス〟なんかの設計者よりも、よっぽどすばらしいとわたしは思う。

・アトラスはミサイルの一種。絵は、百貨店で買った鉢のもの。*20 I 1966.*

Adonis amurensis Regel et Radde

うらじろ

正月の飾りでおなじみの羊歯(しだ)。〝裏白〟の名のとおり、葉の表の緑と裏の粉白との対照がおもしろいし、それに、葉のぎざぎざがとてもきいている。かねがね、千代紙の図案なんかによさそうだと思っていたのだが、せんだって、ある本で、これをモチーフにしたタヒチの民芸品の写真をみて、なるほどと感心した。

熱帯その他暖地性の植物だけに、東京辺ではあまり見かけないけれども、南の方にゆくと、それが谷や丘の斜面いっぱいに繁茂していて、大きいのは三メートルぐらいになる。いつだったか、そんな大群落のなかをさまよっていて、ふっと、アンリ・ルッソオの〈森のなかで豹に襲われた黒人〉に描かれた木性羊歯の林叢(りんそう)を思いうかべたことがあったが、正月の飾りだけをみていたのでは、とてもそんな連想はむりだろう。

・学名の *glauca* は、〝青白色〟の意味で、その葉っぱの感じをよくあらわしている。絵は、千葉県養老渓谷でとったもの。*16 II 1964.*

Gleichenia glauca Hook.

梅

小学生のころのある正月、筑後の山間の郷里に祖父をたずねたことがあった。父が浮草稼業の役人をしていたために、田舎に帰ることはめったになかったので、見るもの聞くものみなめずらしく、ことに牛に乗せられて山のミカン畑にいったときのことは、いまでも印象にのこっている。

霜ばしらのふかい谷ぞいの道には梅がさかりだった。わたしは、買ってもらったばかりのイーストマン・ヴェストコダックで、その遠景を何枚か写した。単玉レンズのせいで、印画はすこし暗かったけれども、谷間の梅の白いフレア（光滲）はわりに感じがでていた。

むろん、その写真はなくしてしまったのだが、いまでもわたしには、梅は白いフレアをまとってみえる。

・中国原産のバラ科の樹木。学名の*Mume*は〝ウメ〟の意味で、長崎出島のオランダ商館付医官をしていたシーボルトが、ツッカリニとの共著〈フロラ・ヤポニカ〉で発表したものである。絵は、わたしの庭のウメだが、この木は花がおそい。

16 III 1962.

Prunus Mume Sieb. et Zucc.

みすみそう

「拝啓　豪雪の当地にめずらしく、今年は直江津からバスが運行しています。除雪自動車が通ったためです。

裏山のミスミソウがぽつぽつ咲き出しました。淡雪が降るとつぼんで雪に埋れ、消えれば咲き匂います。方言雪割草というのももっともです。花だけですが、いろいろ一通りお目にかけます。

越後大島村　本山久平」

「お手紙のなかのミスミソウの花さっそくコップの水に入れました。日なたにおいているうちに、みんな立派にひらいて、ここはどこだろうと大きな眼をみはっているようです。

白、うす紫、菫色、それから桃色の覆輪(ふくりん)のと、花氷のようにきれいで、日曜の一日、机の上にながめながら北国の早春をしのびました。

東京　佐藤達夫」

・キンポウゲ科の小さな山草。アネモネ属の近縁である。各地に点々と自生しているが、なかでも、越後はその産地として有名で、正月用の鉢植として百貨店の園芸部などに出ているのは、たいてい越後のものらしい。絵は、本山さんからもらったもの。*6 II 1959.*

Hepatica acuta Britton

アラセイトウ

匂阿羅世伊止宇、眼に萎えた愁のあるむすめ　　レミ・ドゥ・グルモン

地中海沿岸原産のナタネ科の植物。花屋では、ストックといっているけれども、わたしにとっては、上田敏の訳詩集などでおなじみのアラセイトウのほうが懐かしい。

東京辺では、一月ごろから、同じ科の菜の花とともに、房州産の早咲種が花屋の店さきを明るくする。

ちかごろ見かけるのは、たいてい八重咲のものだが、これはちょっと描きにくいので、一重のを見つけてスケッチした。花の色には、白いのや、ピンクのや、菫いろのものなどあるけれども、これは紅色のものである。花は、どれも弁のへりがちょっとめくれていたりして、しゃんと開いたのはない。

さすが、グルモンはそこの感じをよく捉えている。

・絵は、園芸店で買ったもの。*12 III 1961.*

Mattiola incana R. Brown

うめもどき

昭和二年の正月、谷中(やなか)天王寺の白秋邸で、常連の歌人たちと先生をかこんで晩さんのご馳走になっているとき、その卓上に、赤い実のウメモドキが一枝、目盛のはいったV字型のオンスコップに挿してあった。

それを題にして、みんなで即吟をしようということになり、かけ出しのわたしは冷汗を流しながら、稚拙な歌をいくつか作ったのだが、それに思いがけなく先生の点が入った。そのときのうれしさはいまでも忘れない。

いま、夜の書斎でウメモドキを写生していて、〈梅もどきの赤きつぶら実つぶつぶに灯影たもてりわれは観つるも〉という歌を思い出した。この下の句は、そのとき先生に手を入れていただいたものである。

・モチノキ科の低木。葉は、さきのとがった長卵形。六月ごろ小さな花が咲くが、観賞されるのは、葉のおちたあとの赤い実である。絵は、いけ花に使ったもの。

19 X 1958.

Ilex serrata Thunberg

スノードロップ

ヒガンバナ科の球根植物。高さは鉛筆の半分ぐらいで、霜のふかい二月ごろにもう白い花をつける。

ヨーロッパ中南部地方の原産で、ドイツあたりの植物図鑑にはかならず出ているが、イギリスにもひろく野生化しているようである。

そういえば、〈チャタレイ夫人の恋人〉に「三叉の白い炎のスノードロップ……」という一節がある。この花には、三つの白い外花被片（がいかひへん）があり、朝のうちは固くつぼんでいて、まさに〝雪のしずく〟だが、日が高くなるとそれが開いて、ロレンスがいみじくも描き出した〝三叉の白い炎〟となる。

わたしがまだ少年で、竹久夢二のあまい感傷におぼれていたころ、彼の絵にそれが出ていたことから、ずいぶん苦心してその球根を手に入れたことを思い出すが、いまも、わたしの庭にはそれが植えてあって、毎年かかさず春の到来を告げてくれる。

・絵は、庭のもの。*10 II 1964.*

Galanthus nivalis L.

ふき

二月の青梅（おうめ）郊外。丘のすそに小さな機屋（はたや）の工場があって、その裏手は枯草の斜面になっている。わたしは、そこの日だまりに腰をおろして、ゆっくりと煙草に火をつける。もえさしのマッチの軸をぽいと捨てたら、そこに蕗（ふき）のとうが五つ六つ出ているのに気がついた。なかには、もうキク科らしく整った頭花の集団を苞（ほう）の内側からのぞかせているのもある。上から下まで少しの濁りもないエメラルド・グリーン。土のなかの春の精気がこの一色に昇華したかと思われるくらいである。

わたしはたまらなくなって、さっそくスケッチブックをひろげ、絵の具をときはじめる。——大きな葉っぱになってからは見むきもしないくせにと、いささかのうしろめたさが心をかすめないでもないが、このみどりの炎は、そんなことでわたしの筆をにぶらせるものではない。

・キク科。方々に野生しているが、食用として、畑に植えられていることもある。絵は、その後東京郊外でとったもの。もうだいぶんたけが伸びている。*1 IV 1962.*

Petasites japonicus Maxim.

プリムラ・マラコイデス

中国の奥地、雲南省の原産といわれるが、いまでは、どこにでも栽培されているサクラソウ科の観賞植物。二月にはいると、あかるいピンク色のこの花の鉢が街々の花店に出まわって、春のいぶきをみなぎらす。葉は若草色でやわらかく、裏は白くて粉っぽい。

よほど丈夫だとみえて、わたしの庭では、前の年にだれかにもらったヒメギキョウの鉢から、思いがけなくこの草が出てきた。さすがに、花店のものにくらべると貧弱だが、雲南の自生種はきっとこんな姿に違いない、などとひとりぎめして、孫悟空でおなじみの中国辺境の山々を想像しながら、スケッチしたのがこの絵である。

・オトメザクラの和名があるけれども、花店では、マラコイデスまたはメラコイデスでとおっている。絵は、庭のもの。*9 II 1964.*

Primula malacoides Franch.

口紅水仙

ヒガンバナ科。庭にみなれない水仙が咲いているのを見つけて、去年、家内がデパートから買ってきた球根をいいかげんに植えておいたのを思い出した。花は白く、まんなかの盃は黄色で、口紅水仙の名のとおり、そのふちが紅色になっている。なにかで見た覚えがあると思って、春山行夫(ゆきお)さんの〈花の文化史〉をひらいてみたら、それが〝詩人の水仙〟だった。そういえば、学名も*Poeticus*である。彼によると、一般にこの花がギリシァのナルキソスの伝説の花だと信ぜられ、ギリシァの詩人にうたわれた花だということから〝詩人の水仙〟と呼ばれるようになったらしい。

そういうことがわかって、あらためてこの水仙をみなおし、スケッチをしたりしたのだった。それで、これを買ってきた家内までが、すこしいい気になっている。

・絵は、庭のもの。*12 IV 1966.*

Narcissus poeticus L.

ヒアシンス

ユリ科の球根植物。〝風信子〟などとしゃれて書かれることもある。属名の *Hyacinthus* は、ギリシァ神話の、日の神アポロの投げた円盤にあたって死んだ美少年の名にちなんだものといわれる。

肉の厚い六片の花をほどよく反らせて、しかも、一茎にぎっしり盛りあげたところなど、造化の神さまの力作のひとつといってよかろう。花の色には、紫、白、クリーム、淡紅などいろいろあるが、原種は青紫色らしい。それだけに、やはりこの色がいちばんぴったりするようだ。――そういえば、白秋の〈ヒアシンス薄紫に咲きにけり早くも人をおそれそめつつ〉にしても、グルモンの〈風信子は青き血筋〉（堀口大學訳）にしても、この色彩はうごかせない。

・絵は、園芸店で買った鉢植のものだが、花の数は、これよりもっと多いのが普通である。花は青紫色。*24 III 1966.*

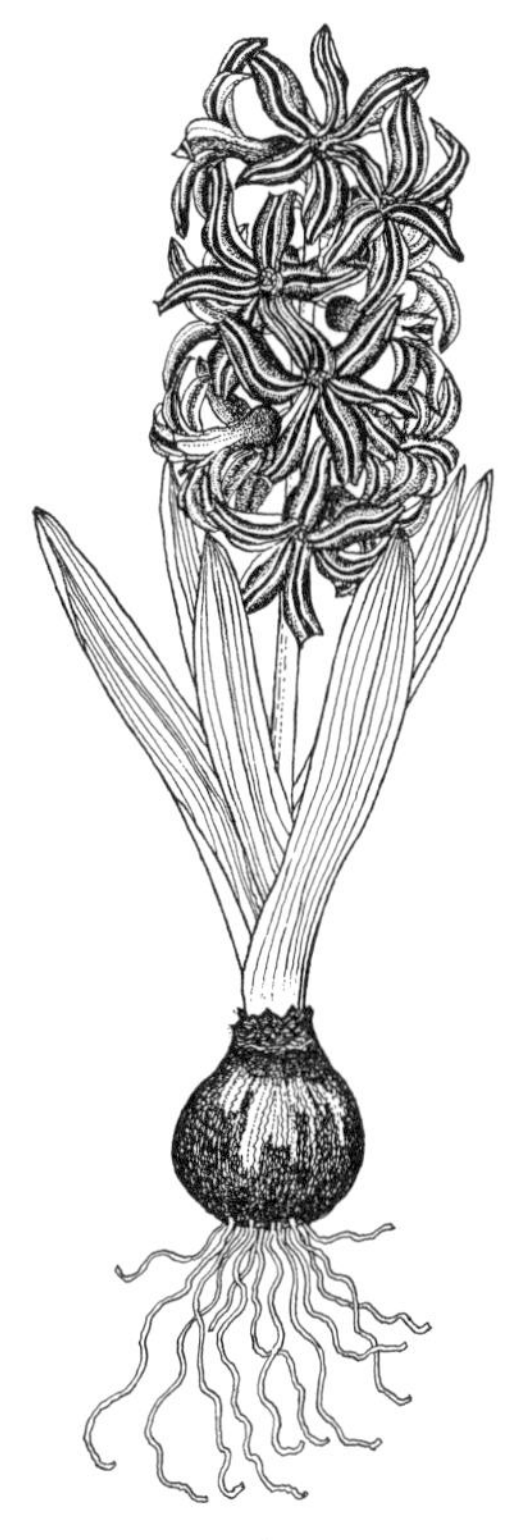

Hyacinthus orientalis L.

節分草

キンポウゲ科の山草で、高さは鉛筆の半分ぐらい。すこし皺のある白い花びら——ほんとうは萼（がく）である——の中心に、たくさんの雄しべが紫色にけぶっていてとても美しい。花の下には、二枚の葉が西洋の古画にみる侍童の襟飾りのように茎をとりまき、それに放射状の白い脈が入っている。

山草のなかでは珍しいほうで、そうどこにもはない。わたしがはじめてこの花をみたのは、三〇年ばかり前の早春、牧野富太郎先生といっしょに秩父に行ったときだった。杉林のなかの小さな流れにそって、その群落があり、まわりにはまだ雪が点々と残っていた。

夕方の冷（つ）めたい風のなかに、先生と、もう一人の友だちと三人、じっとしゃがみこんで、その花々をあかず眺めたのを思い出すが、いかにもそれは、春をまちかねた妖精の子どもたちが、すこし早く起きすぎて寒さにふるえている、そんな感じだった。

・絵は、秩父から庭に移植したもの。茎の半分から下は土にかくれている。*2 III 1962.*

Eranthis pinnatifida Maxim.

フリージア

アヤメ科。喜望峰の原産で、フリージアの名は、スエーデンの植物学者 *Elias Fries* を記念したものといわれる。

本来の花季は三・四月だが、花店には、一月ごろから温室咲きのものが出まわる。ちかごろ、花の黄いろいのや、紫がかったものなど、新しい園芸品種がいろいろと目につくけれども、やっぱり、昔ながらの純白のものがフリージアらしくていい。ひとつひとつ上むきにならんだ白い花の筒は、春の到来を告げるトランペットだ。外の寒気が強ければつよいほど、その響きは冴えわたる。

いくらか少女趣味のあまさをもちながら、何かいさぎよいところのある花である。

・葉は、アヤメの葉をずっと小さくしたようなかっこうをしているが、描いてみると、なかなかうまくいかないので省略した。絵は、買ってきた鉢植のもの。*15 I 1962.*

Freesia reflacta Klatt

ねこやなぎ

うす暗い花屋の土間に、ネコヤナギが目につくようになると、いよいよ春も近いと思う。ネコヤナギは、小川の岸などに自生し、野外での花季はだいたい三月ごろである。同じなかまには、バッコヤナギ、キツネヤナギ、タチヤナギなどよく似たものがあるけれども、さすがにネコヤナギには、しみじみとした気品があって、その銀鼠の絹毛が何ともいえない。

猫やなぎ薄紫に光りつつ暮れゆく人はしづかにあゆむ　　白秋

しかし、この〝薄紫〟も、ゆく春とともに、白い綿毛となって飛び去り、枝々はいつか葉ばかりになって、周囲の緑のなかにまぎれてしまう。

・ヤナギ科の低木。絵は、娘がいけ花につかったもの。*26 III 1961.*

Salix gracilistyla Miquel

沈丁花

ジンチョウゲ科に属する中国大陸原産の低木。属名の*Daphne*は、ギリシァ神話にでてくる女神の名で、種名の*odora*は、芳香のあることを示している。

ずっと前〈夜のあらし吹きこそやまね雨ののち沈丁花の香のいたく媚めく〉という歌を作ったことを思い出すが、庭木のなかではずいぶん花のはやい方で、〝春一番〟の南風が吹くころになると、前の年から用意された莟（つぼみ）の集団がつぎつぎと開き、あたりいちめんにあまい香りをただよわす。花は肉が厚くて、内側は白っぽく、外側は紅紫色で、このツウトーンカラーは、なかなか効果的である。

よくこの花のことを、チンチョウゲと濁らずに呼ぶ人がいるけれども、牧野植物図鑑をみたら、それは誤りだと書いてあった。

・絵は、庭のもの。*18 III 1962.*

Daphne odora Thunberg

アネモネ

キンポウゲ科の園芸植物。花は、赤や紫など、すこしどぎつすぎるくらいに鮮麗で、むかしあったブリキのおもちゃの原色を思い出す。

原産地は、南欧・小アジア辺といわれるが、パレスチナ地方にはとくに多いところから、キリストの山上の垂訓のなかの〈ソロモンの栄華も、その装いは野の花のひとつにしかざりき〉の〝野の花〟は、このアネモネだという説も一部にあるらしい。

ほんらいは春の花ながら、ちかごろでは、温室ものがずいぶん早く出まわるようになった。茂吉の〈アネモネは春咲く花といひしかど冬の光に咲くもかなしも〉という歌のとおりである。

・絵は、庭のもの。花は濃い赤の蛇(じゃ)の目(め)である。*25 IV 1961.*

Anemone coronaria L.

おおいぬのふぐり

学名は *Veronica persica*。オオイヌノフグリなどという和名はいったい誰がつけたのか。*Veronica* といえば、キリストが十字架を背おって、丘の刑場にのぼって行くとき、道ばたの一人の少女が駆けよって彼の額の汗をふいたら、その手巾にキリストの顔がそのまま写ったという奇蹟の聖女だが、この属名との因縁はわからない。*Persica* は、原産地のペルシァにちなんだものである。

東京辺では二月から咲きはじめ、三月に入ると、道ばたや空地の日だまりにサファイアの宝石函をひっくり返したようなにぎわいをみせる。利玄の〈根ざす地の温(ぬく)みを感じいちはやく空いろ花咲けりみちばた日なたに〉は、きっとこの花のことに違いないと思う。

一つ一つの花をよくみると、碧色の花弁に何本かの濃い縦縞(たてじま)があって、とてもしゃれている。どの花もいっせいに太陽の方を向いていて、なかには顔をさかさまにしてまで日輪をみつめているのもある。——で、眩(まぶ)しいのはむしろそれを眺めているわたしたちのほうだ。

・大きさはハコベぐらい、ゴマノハグサ科の帰化植物である。絵は、町の空地に咲いていたもの。*15 III 1959.*

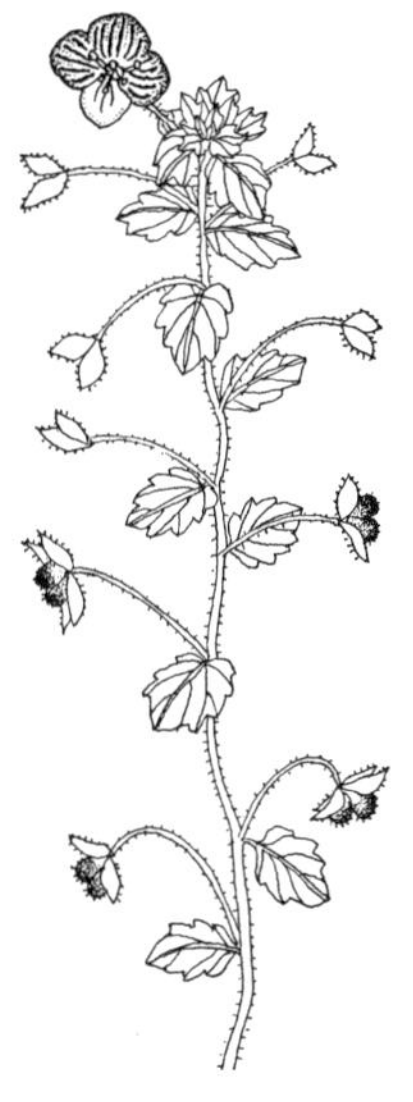

Veronica persica Poiret

三色菫

三色菫というのは、学名の *tricolor* からきた名まえだが、ちかごろではパンジーといったほうが早わかりする。

ヨーロッパ原産の野生種から改良されたスミレ科の園芸植物で、雛菊（デージー）とともに、春の花壇ではいちばんポピュラーな花である。それで、この二つはどこの花店でも泥んこのまま木箱などにつめられて、田舎娘のように扱われている。

ずっとむかし、もの好きにバイオリンを習っていたとき、楽譜に〝ラブ・イン・アイドルネス〟というのがあった。たしかそれに〝三色菫〟という副題がついていたと思うのだが、春もふかみ、庭の三色菫が乱れがちになってくると、わたしは、いつもそのけだるいメロディーを思い出す。

・花の色や形にはいろいろな品種がある。この絵の花は、黄色と黒。園芸店で買ったもの。*17 II 1962.*

Viola tricolor L.

かたくり

ユリ科の野草。

スミレにはちょっと早いな、などとつぶやきながら、まだ枯いろの雑木林をさまよっていて、ふと、この花の群落に出あったときのおどろき——あるものは、こうのとりのくちばしのようなつぼみを垂れ、あるものは、紅紫の花びらをおもいきり反りかえらせ、なかには背中のところで交叉しているのもある。まるで西洋舞踊のアクロバットのように。

花のいろは、絵具のコバルト・バイオレットにいちばん近い。なまじ、欲をだしてほかの色をまぜたりすると、かえって濁りがでて、本物の明るさを失ってしまう。葉っぱがまたたいへん凝っていて、これは緑色の地に緑白色と赤紫色の斑紋を重ねた三色刷だ。

家持(やかもち)の〈もののふの八十(やそ)をとめらがくみまがふ寺井の上のかたかごの花〉は、カタクリを詠んだ歌として有名である。だがしかし、ほんとうのことをいうと、この歌には、なにかアナクロニズムみたいなものが感ぜられてならない。カタクリが、あまりに西洋風でありすぎるせいであろう。

・絵は、青梅付近のもの。*2 IV 1961.*

Erythronium japonicum Decne.

あせび

丘陵地の日向に多いツツジ科の低木。春はやく、分岐した小枝のさきに、蠟細工のような白い壺型の花を穂状に付ける。

Japonica の種名のとおり日本の原産で、ずいぶん古くから観賞されていたらしく、万葉集にはこれを詠んだ歌がいくつかある。万葉ではアシビとなっていて、ときどき〝馬酔木〟の字があてられているが、これは、馬がその葉を食べると、酔ったようになるところからきたものらしい。

アセビは、春山の装飾として、欠くことのできない添景にはちがいないけれども、近くでみると、少し明輝度がつよすぎて、なんだかうるおいに乏しい感じがする。

かつて、白秋の指導をうけていたころ、「この歌はあかるいけど、乾いているね」という批評をよく受けたものだが、いま思うと、この評言は、アセビにもそのまま当てはまりそうである。

・絵は、東京郊外浅川付近でとってきた小枝の部分。すこし盛りをすぎている。

10 IV 1960.

Pieris japonica D. Don

こぶし

明治神宮の外苑にコブシの大木があって、四月になると、白い花をいっぱいにつける。ぜひこの花を描きたいと思いながら、通勤の朝夕それを眺めていたのだが、そのうち、郊外散歩の道ばたで偶然この花に出あった。さいわい枝も低かったので、うれしさのあまり夢中でとびついて折ってきた。それで、このスケッチができた。

ところが、このあいだ久しぶりにその場所に行ってみたら、なんと、道路の拡張工事のために、その木は影もかたちもなくなっている。むろんこれで、わたしの花泥棒も帳消しになったわけだが、この木を失ったなげきは、とても消えるものではない。

・日本の各地に自生するモクレン科の高木で、学名の *Kobus* は、〃コブシ〃にもとづくものである。絵は、東京郊外田無のもの。*2 IV 1961.*

Magnolia Kobus DC.

えいざんすみれ

日本列島の春は、スミレたちのパレードにはじまる。日本のスミレは、約八〇種、変種まで入れたら一〇〇以上になろう。花のいろは、白、空色、紅紫色から菫青色、山地にゆけば黄色のもある。

普通、日なたの石垣などに、花束のようにかたまって咲いているのはタチツボスミレ、花は淡紫で、葉は心臓形。スミレ（狭義の）は、誰でも知っているように、花はビロードの濃紫色で、葉は細ながい。

葉の形のしゃれているのはエイザンスミレである。〝エイザン〟は比叡山のことだが、東京辺でも、高尾山あたりに行けば、杉林の下などでよく見かける。花は、わりあいに大きくて、白または淡紫色。濃いむらさきの線が入っていて、たいへん美しい。だが、このスミレは、いかにも内気で、森にかくれてばかりいるものだから、マスコミにもてはやされることもなく、いつまでたっても、ただのＡＢＣ順で植物名彙のなかに埋もれている。

・スミレ科の宿根草。絵は、東京郊外高水山のもの。*19 IV 1959.*

Viola eizanensis Makino

にわとこ

にはとこの新芽ほどけぬその中にその中の芽のたゝまりてゐる
にはとこの新芽を嗅げば青くさし実にしみじみにはとこ臭し　　利玄

ニワトコは、郊外の藪かげや、小川のふちなどに多いスイカズラ科の雑木。わたしの庭にも、知らないまに生えたのが一本育っている。

この木は、早春、どの木よりもはやく新芽をふく。ずいぶん大きな芽だが、ひとつの芽のなかに、〝その中の芽〟や、つぼみの粒々まで用意されているのだからむりもない。この芽がすこしほぐれかかったときの造型は、ギリシァ建築の装飾みたいにしゃれている。

春がたけなわになると、対生の複葉がこんもりと繁り、白い小さな花の集団を枝々のさきにもりあげる。そして、夏には粒々の赤い実をむすぶ。

たぶん、わたしの庭のものも、その実の一粒を小鳥がおとしていったものに違いないと思うのだが、さてそれが、どこから運ばれてきたものやら、うちの近所にはどうも心あたりがない。

・絵は、三宅坂のもの。*25 IV 1962.*

Sambucus Sieboldiana Blume

仏の座

高さは鉛筆ぐらいのシソ科の雑草。春の七草のホトケノザとはちがう。あれは、キク科のタビラコの俗称である。どちらも春の野草にはちがいないけれども、タビラコのほうは、タンポポをずっと貧相にしたような格好で、あまり見ばえがしない。

このホトケノザは、塔の形に何層も葉っぱの台座があり、その台座ごとに真紅の唇形花がいくつも首を出している。その色はまるでルビーのような鮮やかさで、いかにも〝宝蓋草（ほうがいそう）〟という漢名にふさわしい。

早春の郊外を歩いていると、畑のふちなどでときどき見かけるが、その場に出会いさえすれば、誰だってきっと目をとめ、しばらくはこの宝石の輝やきに見惚れるだろう。もし、これをそのまま見過ごして通る人がいたら、それこそ済度しがたき無縁の衆生（しゅじょう）である。

・絵は、東京郊外小金井付近のもの。*12 IV 1959.*

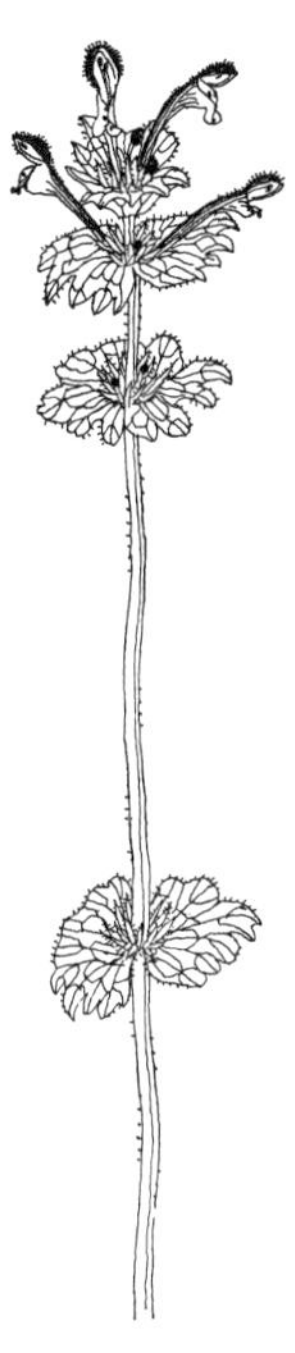

Lamium amplexicaule L.

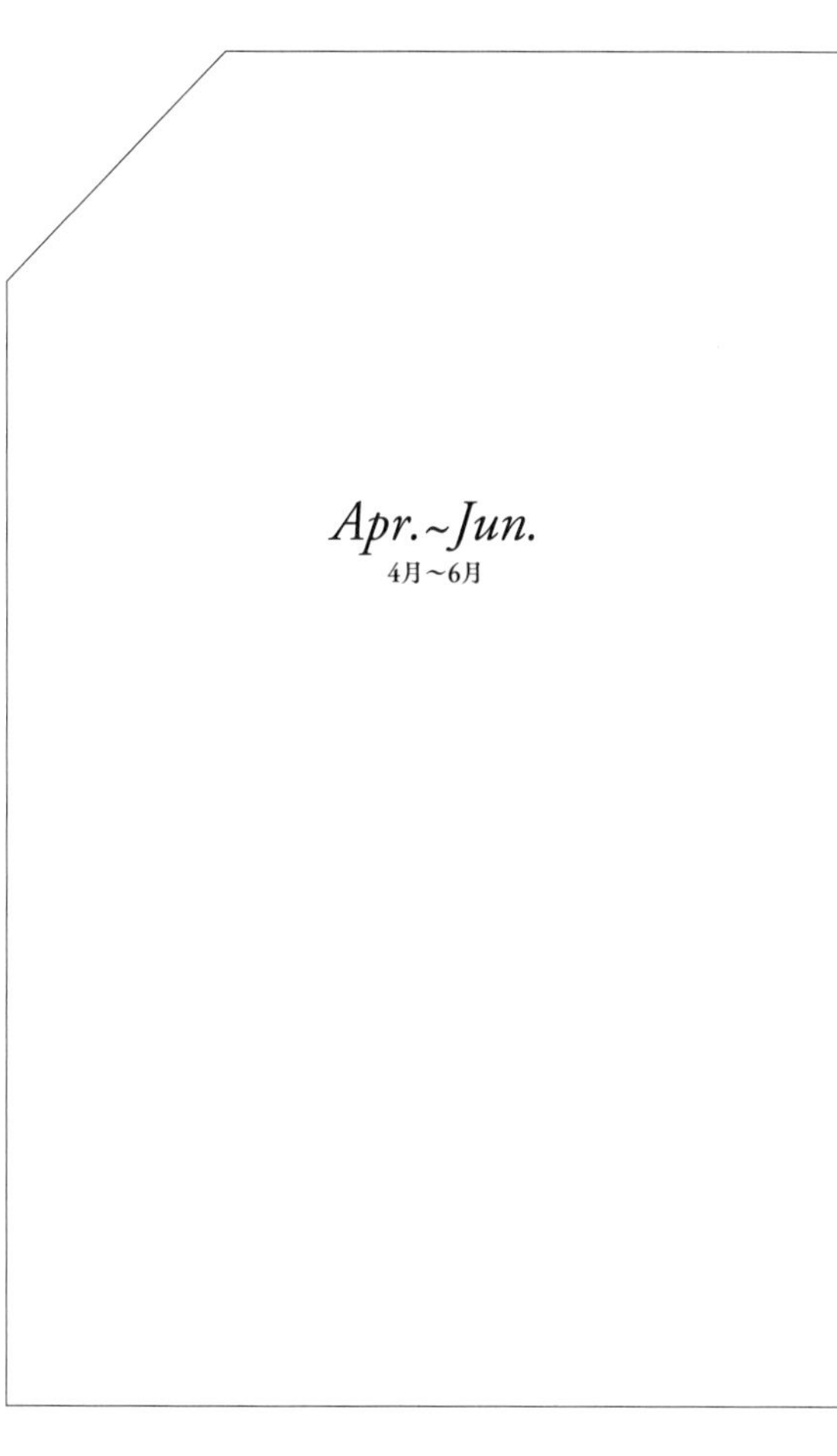

Apr.~Jun.

4月～6月

耳形天南星

ミミガタテンナンショウ。テンナンショウ、またはマムシグサの名で総称されるサトイモ科の野草のひとつ。太い茎いちめんに蛇紋の斑があってちょっと気味がわるい。それに、花のはじめのころは、まだ葉もひらかず、黒紫色に白い縞の入った仏焔苞ばかりが目だって、いかにも魔法使の頭巾を連想させる。その場所がまた森や林の中だから舞台装置も十分だ。仏焔苞といえば、白秋の〈わが宿の竹の林の春の暮仏焔ふかし蒟蒻のはな〉を思い出すが、この草もやはりコンニャクの仲間である。

テンナンショウの類は、多肉質で水分が多く、しかも不思議な魔力をもっていて、どうもうまく標本に作れない。圧しているうちに、どんどん生長して形が変わってしまう。

この難物をおし葉に仕あげる天才は、岸田劉生の兄で植物学者の故岸田松若だった。さすがに劉生の血縁だけあって、植物図もうまかったけれども、その標本のうつくしさにはいつも感心したものだ。きっと彼はこの〝森の魔法使〟を調伏するなにか特別のおまじないを知っていたにちがいない。

・ムラサキマムシグサ、ヒロハテンナンショウ、ウラシマソウなど同類は多い。ミズバショウもこの科の植物である。絵は、神奈川県津久井のもの。*18 IV 1965.*

Arisaema limbatum Nakai et F. Maekawa

みやまえんれいそう

ユリ科の山草で、和名は〝深山延齢草〟の意味。四月のはじめごろ、まだ十分に葉がひらききらないうちに咲きはじめる。三枚の白い花弁があるので、シロバナエンレイソウという名もある。属名の *Trillium* は、葉も花弁もすべて三数というこのなかまの特徴にちなんだものである。

〝ミヤマ〟の名のとおり、すこし山奥の沢にそった傾斜地などで見かけるが、案外あかるい花のくせに、なんとなくひっそりとしたところがあって、肩にかけたトランジスタのジャズを道づれに、山を歩いているような人たちには気づかれない。

・同じなかまにエンレイソウがある。この方には花弁がなく、紫褐色の三枚のがくが花弁のようにみえる。絵は、青梅付近のもの。もうだいぶん葉がひらき、背ものびている。*10 IV 1962.*

Trillium Tschonoskii Maxim.

金盞花

ローマ、バチカン美術館の中庭、薄ぐらい館内から出てくると、南欧の春の日光に、白い石だたみがとてもまぶしい。見物に疲れた観光客たちが、あるものはサン・グラスをかけ、あるものは目をほそめて、そこかしこのベンチに腰をおろしている。

庭の隅の石造の台には、キンセンカが植えてあって、大輪の花々が燃えるようだ。日本で見なれたものにくらべてあまり美しいので、その種子のいくつかをひろい、たまたまポケットにあった小さな砂糖のあき袋に入れた。この袋は、ホテルの朝食でコーヒーの皿にのっていたものだが、パラフィン紙に緑色と橙色で刷ったオレンジの樹の絵が気にいって、そのままポケットに入れていたのであった。

……種子を入れようと、袋の口を吹いたら、そのパラフィン紙のなかで白砂糖の残りの粉がきらきらと光った。

・南欧原産のキク科の園芸植物。牧野植物図鑑にいうトウキンセン（唐金盞）はこれである。絵は、切り花で買ったもの。*10 III 1963.*

Calendula officinalis L.

あまな

ユリ科の雑草。四月ごろ、使いかけの鉛筆ぐらいの高さの茎にユリの形の白い花をつける。もっとも、花の外側には紫褐色のほそい縦縞が入っているから純白にはみえない。広い意味のチュウリップのなかまだが、園芸種のチュウリップとは大ちがいの地味でつつましい花である。

わたしが少年期をすごした筑後辺では、よく麦畑のふちでこの花をみかけた。母から〝麦ぐわい〟という名まえを教わったのも、そのころである。東京の郊外でもときどき出あうが、いまでもこの花をみると、南国の麦畑の濃い陽炎と空のひばりのにぎやかな囀りを思い出す。

〝麦ぐわい〟は九州だけの方言ではないらしく、牧野植物図鑑にも、アマナの別名としてあげられている。牧野博士は、そのいわれについて、「麦慈姑ハ麦圃ニ生ズルト謂ハレテ此名アル乎或ハ其葉麦ノ如ケレバ謂フ乎」と疑問を投げているけれども、わたしは断然〝麦圃〟の方だと思う。

・絵は、八王子郊外のもの。*9 IV 1963.*

Tulipa edulis Baker

翁草

おきな草口あかく咲く野の道に光ながれて我ら行きつも　茂吉

丘や草原でみかけるキンポウゲ科の一種。山草のくせによほどの寒がり屋らしく、四月というのに、まだ厚い毛の外套にくるまっている。

うつむきがちの花の内側は、暗紫赤色の繻子(しゅす)地になっていて、たいへんしぶい。花がすむと、果が熟して〝おきな〟の白髪となる。晩春の山あるきの帰り、夕日のなかにその繊細な白金のかがやきを見つけて、ふと足をとめる人もあろう。

オキナグサは、広義のアネモネのなかまで、同類は、北半球にひろく分布している。英名は *Pasque flower* だが、*Pasque* とは、イースター（復活祭）を意味する古いフランス語で、その花片は、イースターの卵を染めるのにしばしば用いられる、ということがアメリカの百科全書にでていた。

・東京付近にも自生しているけれども、この絵は、百貨店の山草売場で買ったものの写生である。*14 IV 1962.*

Pulsatilla cernua Sprengel

からたち

ずっとむかし、まだわたしの若かったころ、〝からたちの花〟のラジオ放送を白秋先生のお宅できいたことがある。この歌は、作詩も作曲も近代の傑作だと思うのだが、それを原作者のそばに坐って聴いた感激はいまでも忘れない。

カラタチは、垣根になってどこにでもあるくせに、その花にはめったに出あわない。いつだったか、多摩川のそばで、一団の白い花を遠くから見つけ、何だろうと思って近よってみたら、それがカラタチだった。

思いがけない盛装にあやうく見ちがえるところだったが、眺めているうちに、やっぱりカラタチは、青一色の刺(とげ)だらけのままで、少し埃などをかぶっているほうが、カラタチらしくていいのじゃないかと思った。

たまたまに手など触れつつ添ひ歩む枳殻垣にほこりたまれり　茂吉

・中国大陸原産のミカン科の低木。よく〝枳殻〟と書かれるが、これは、ほんらいは別の植物の名まえらしい。花のあと、*trifoliata* の名のとおり、三つの小片にわかれた葉が茂る。果実は、金色で丸い。絵は、近所の垣根のもの。*IV 1961.*

Poncirus trifoliata Rafin.

みつまた

中国大陸原産のジンチョウゲ科の低木。〝三椏〟と書かれる。むかしから鳥の子などの紙の原料として、方々で栽培され、ときどき野生化したものに出あうことも少なくない。*Papyrifera* の種名は、〝紙〟にちなんだものである。

春はやく、名まえのとおり三つにわかれた枝のさきざきに、蜂の巣のような筒状花のかたまりをつける。白いフランネル製の花のさきは四片にわかれ、内側は黄いろで、早春にふさわしいほのぼのとした美しさをたたえている。

わたしの庭のものは、戦後ずっと家事の手つだいにきていた娘さんが、田舎からとりよせてくれたものである。彼女は、いまではいいお母さんだが、このミツマタも、いつのまにかりっぱになって、今年あたり、五〇いくつも花の玉がついた。

・花のあと、シダレヤナギの葉を寸づまりにしたような形の葉が出る。絵は、庭のもの。*15 III 1962.*

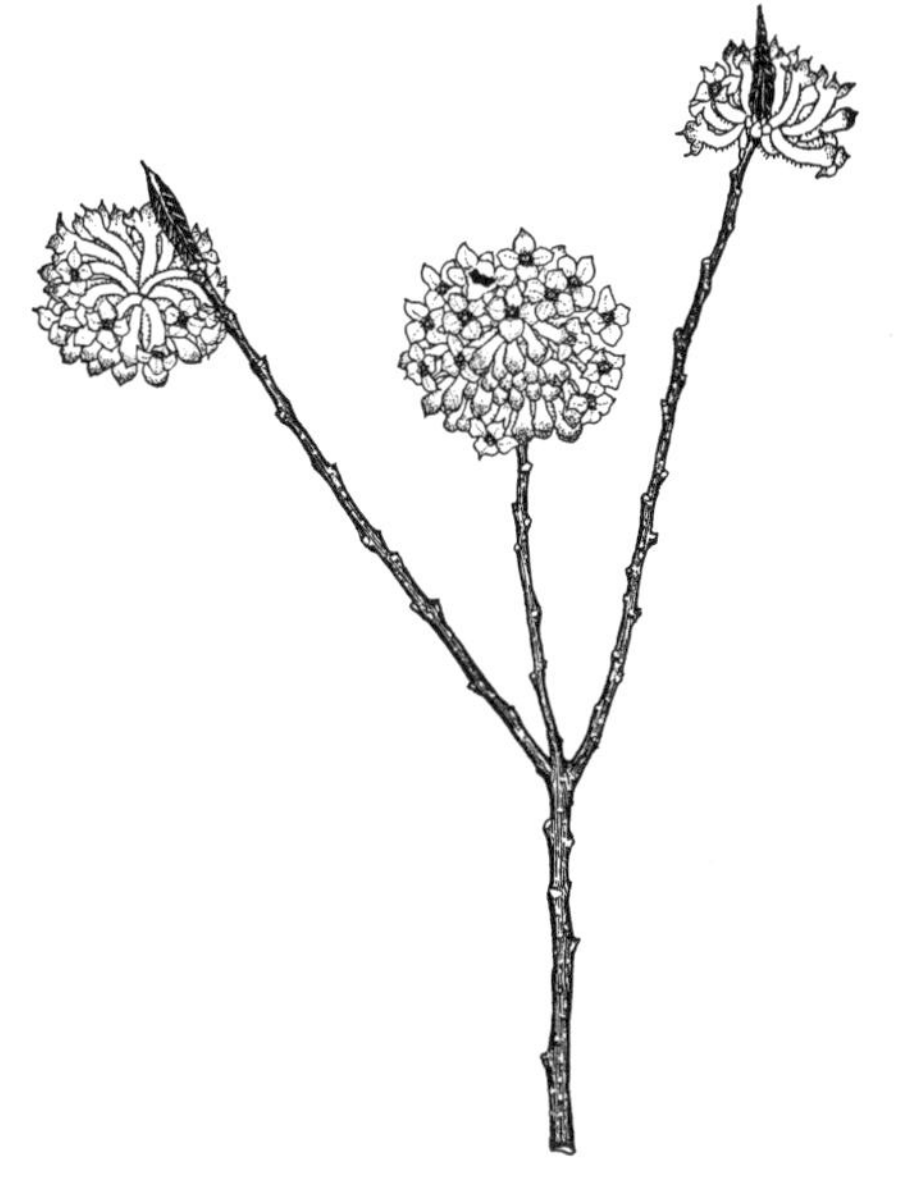

Edgeworthia papyrifera Sieb. et Zucc.

一輪草

真実寂しき花ゆえに一輪草とは申すなり
……一輪咲いたが一輪草、二輪咲くのが二輪草、
まことの花を知る人もなし。
白秋

キンポウゲ科の山草。谷ぞいの、ようやく新芽のけぶりはじめた樹林の傾斜地などで出あうことがある。

花は、近縁のニリンソウと同じように、白くて五弁だが、このほうはかならず一輪咲で、花の形もずっと大きい。そのくせ、なんとなく孤独の影をひいてみえるのは、その環境が人里はなれた山のなかで、しかもニリンソウのように群生していないせいであろう。

この属の特徴として、花弁のように見えるのはがく片で、ほんものの花弁は全然ない。それこそ〝まことの花を知る人もなし〟である。

・西洋草花のアネモネと同じ属である。絵は、東京郊外浅川のもの。*3 IV 1959.*

Anemone nikoensis Maxim.

二輪草

キンポウゲ科の野草。郊外のやぶ蔭などに群生して、四月ごろ白い花をつける。まれには、一輪咲きや、三輪咲きのものもあるけれども、〝二輪草〟の名まえのとおり、一茎から二つずつ花が出るのがほんとうである。

何年かまえ、ある青年の結婚の記念に色紙をたのまれたとき、ニリンソウのことを思いついて、その絵を描いたことがあったが、純白の花が一対ずつ仲よく寄りそっているすがたは、いかにもまだ世の汚れをしらない新夫婦のように見える。

ほかに、サンリンソウというのもあるが、これは、すこし深山にいかないと見られない。

・イチリンソウと同じ属である。絵は、東京郊外五日市で採ったもの。*29 IV 1962.*

Anemone flaccida Fr. Schmidt

ゆりのき

北米原産のモクレン科の樹木。ユリノキといえば、新宿御苑には有名な大木があるし、旧赤坂離宮の正門の並木もそうだということは前から知っていたが、恥しいことに、花の方はうっかり見すごしていた。

そこに、去年の五月、たまたま旧赤坂離宮の前を歩いていて、その花びらのおちているのを見つけたのだった。全体が淡い黄緑色で、それに夜光塗料のような橙黄色の山形の縞がはいっている。胸をときめかせて、こずえを仰ぐと、見えるかぎりの枝の先々に、そのチューリップ型の花がいっぱいついていた。

近眼のわたしは、翌日、家からオペラグラスをもってきて、もういちどゆっくりそれを眺めた。すると、濃緑の葉のかさなりのあいだに、あの橙黄色の太縞のスカートがいくつもくっきりと浮び出て、まるで、なにかの舞台の森の宮殿の場をみるようだった。

・絵は、小石川植物園でもらったもの。*11 V 1959.*

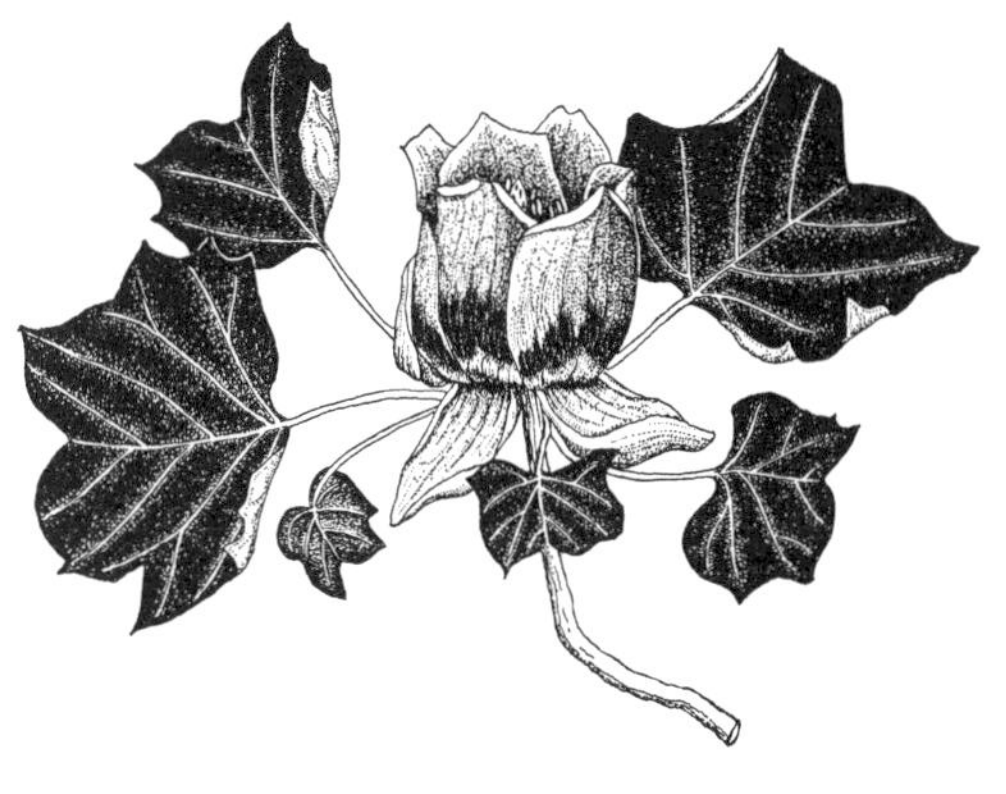

Liriodendron tulipifera L.

すいば

日本中どこにでもあるタデ科の雑草。葉をかむと酸っぱいところからスイバの名がでたらしい。〝すかんぽ〟は俗名である。

そのあかい穂が五月の風にゆれているすがたは、タンポポの白い冠毛とともに、ゆく春の感傷をそそる。

小さな団扇（うちわ）のような果実をよくみると、まん中がうす緑で、まわりが紅色のぼかしになっている。この二つの色がまじって〈土手のすかんぽジャワ更紗〉の、あの渋い赤いろをかもし出す。

しかし、色をぬきにしても、この果穂（かすい）のデッサンはすばらしい。もし、わたしにその方の技能があったら、さっそく長谷川潔（きよし）ばりの銅版画にするところである。

・絵は、東京郊外のもの。*9 V 1961.*

Rumex Acetosa L.

蛇苺

子供のころ、「蛇苺は毒だよ」と教えられて、野あそびの帰り道など、この果実が夕日に赤くひかっているのをみると、わざわざよけて通ったりしたものだが、いまでも、きっとまだそんなふうに思いこんでいる人がいるに違いない。

しかし、植物の本によると、あきらかにこれは嘘である。だから、ほんとうは一度ぐらい食べてみてもいいのだが、まだそこまでは踏みきれないでいる。

田圃や畑のあぜ道にはどこにでもあるバラ科の雑草で、花は、黄色の五弁花だが、がく片と副がく片が出しゃばりすぎていて、あまり引きたたない。しかし、その果実は、むかしあった砂糖細工の西洋菓子のように綺麗だし、また、よくみると、サーカスの道化師みたいな愛嬌もある。かわいそうに、この実のことを毒だなどといい触らしたのは、いったいどこの誰だろう。

・絵は、東京郊外小金井のもの。*13 V 1966.*

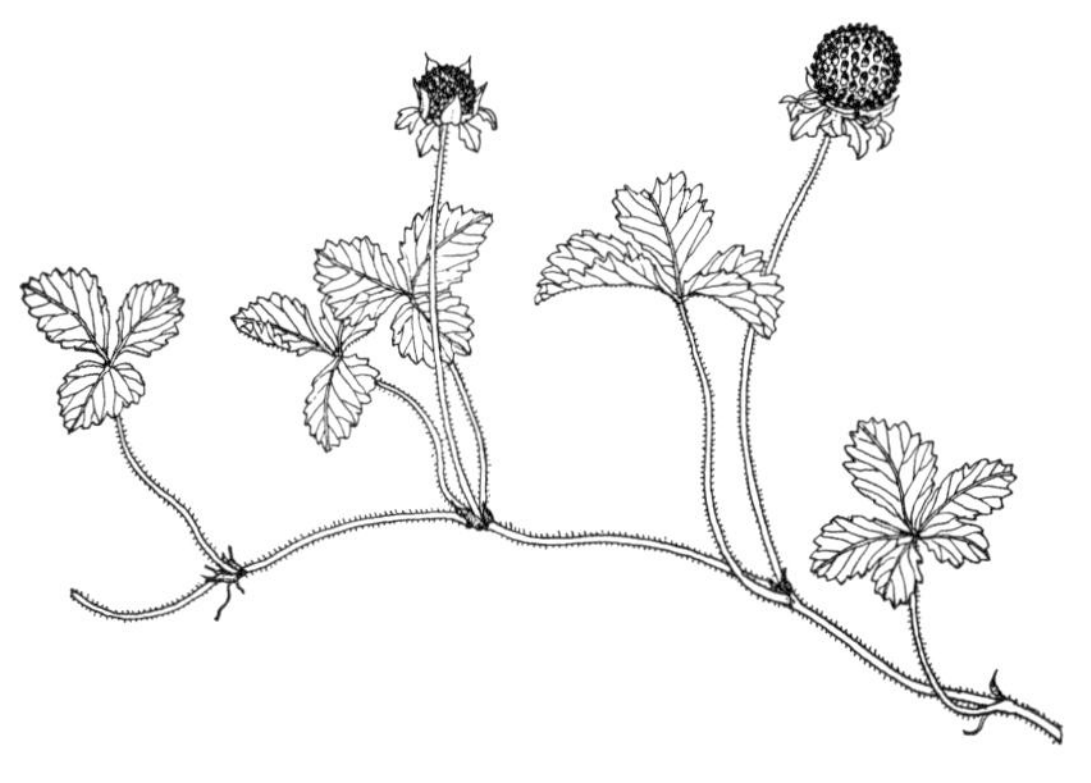

Duchesnea chrysantha Miq.

マロニエ

パリ、リュクサンブール公園の春昼。
赤と黄のチュウリップ、三色菫の花壇。
噴水の背景は、よく繁ったマロニエの森。
枝の先々に密集する白い花序（かじょ）が、まるでいくつもの
蠟燭を立てたよう。
後期印象派の鮮麗な外光。

——その夜、日本大使官邸での晩餐の食卓に、一茎のマロニエの花がいけてあった。主人役の西村大使に、「この花をあててごらんなさい」といわれて、一瞬どぎまぎし、あらためて見なおした。近くでみるその花序の豪華なこと、そして、花弁の一つ一つに付いている真紅の斑点のなんとまた意気なこと……。

・トチノキ科。花も葉も、日本のトチノキと非常によく似ている。この絵は、小石川植物園でもらった枝の花茎の部分だけを描いたものである。*8 V 1959.*

Aesculus Hippocastanum L.

花菱草

ケシ科の観賞植物。全体が蠟をひいたような白っぽい感じである。五、六月ごろ、すこし厚手の黄またはオレンジ色の四弁の花をひらく。それが花菱の紋の形にみえるところからこの和名がついた。

原産地は、カリホルニアで、一般にカリホルニア・ポピイと呼ばれ、この州の州花になっている。先年、ロスアンゼルスを訪ねたとき、この花が道ばたにたくさん咲いているのをみて、なるほどと思ったのだが、カリホルニアには野生の大群落があるらしく、この花が画面いっぱいに輝いている原色の風景写真に感動したこともある。

そういえば、むかし、スペイン人がこの地の開拓にやってきたころ、丘いちめんの花菱草を海から眺めて、サン・パスクアルの祭衣を連想し、献身的な精神にふるいたって上陸したという話が伝わっているが、いかにもこの花にふさわしい美しいエピソードだと思う。

・絵の花は、園芸店で買ったもの。*19 V 1963.*

Eschscholzia californica Cham.

あけび

アケビ科。属名の *Akebia* は〝アケビ〟にもとづく。

日本にひろく分布し、東京ちかくの秋の遊山地では、つるについたままの大きな果実を道ばたで売っているのによく出あう。
四、五月ごろ、すこし赤味がかったうすむらさきの、果実からは想像できないようなやさしい花が穂になって垂れる。
斎藤茂吉は、よほどこの花が好きだったとみえて、それをよんだ歌が、彼の〈赤光(しやっこう)〉だけでも五、六首はあったと思う。ただ、すこし気になるのは、どの歌でも、〝黒い花〟としてそれが扱われていることだ。植物学的にいうと、アケビとは別に、暗紫色の花の咲くミツバアケビというのがあるから、彼がみたのは、きっとその方にちがいない。

だがしかし、短歌作品にこのようなせんさくは無用だろうし、それに、狭い意味のアケビにも、ときどき花の色の濃いものがある。じつは、わたしもそれをみつけて、〝茂吉のアケビ〟だ――とつぶやきながら、スケッチしたのがこのさし絵なのである。

・絵は、東京郊外のもの。*IV 1960.*

Akebia quinata Decne.

伊勢なでしこ

ナデシコ科。中国からきたカラナデシコを古く日本で改良したものといわれる。

先年の春、皇居で天皇の御新著〈那須の植物〉の出版祝賀のパーテイが催されたとき、卓上の盛花にみなれないナデシコの花があった。白い花弁がリボンのようによじれて垂れ、そのさきがレース状にこまかくわかれて、いかにも王朝風の優美さをたたえている。それがイセナデシコだった。

それから、すっかりこの花にとりつかれて、どこかにないものかと、わたしの探索がはじまった。

しつこく尋ねまわっているうちに、歌誌〈コスモス〉の友人たちのお世話で、三重大学の先生から、とっておきのものをわけていただくことができ、とうとう宿望をとげたのであった。

いまもそれは、わたしの庭で毎年花をみせてくれている。

・絵は、それをスケッチしたもの。*29 IV 1964.*

Dianthus chinensis L.

はまなし

北海道や東北あたりの海岸にはえている野生のバラ。ふつうハマナスと呼ばれているけれども、牧野植物図鑑には、ハマナシ（浜梨）が正しいと書いてある。啄木の歌の〝浜薔薇〟はこれだが、文学作品では、〝玫瑰〟と書かれていることが多い。

高さは、庭のバラと同じぐらいで、ひとえの大きな花が枝々のさきにつく。その色は、紫がかった紅色で、なんともいえない深みがある。宮柊二（みやしゅうじ）の作品に、〈オホーツクの潮（うしほ）とどろく草丘（くさをか）にすがれんとして赤き玫瑰（はまなす）〉の歌があるが、この花の紅には、北海の波の色が秘められているように思われてならない。

この絵の花は、満開になるすこし手前のものだが、これが開ききると、たいてい一日で散ってしまう。ある年の晩春、青森の海岸ではじめてこの花にめぐりあい、すっかり感激して、枝のトゲトゲに用心しながら、いくつかのつぼみを胴乱（どうらん）に入れて帰京したのだったが、家に着いてあけてみたら、どれもこれも散ってしまって、あまい香りだけが胴乱にこもっていた。

・果実は、平たい球形で、赤くうつくしい。絵は、いまわたしの庭に植えてあるもの。*29 V 1964.*

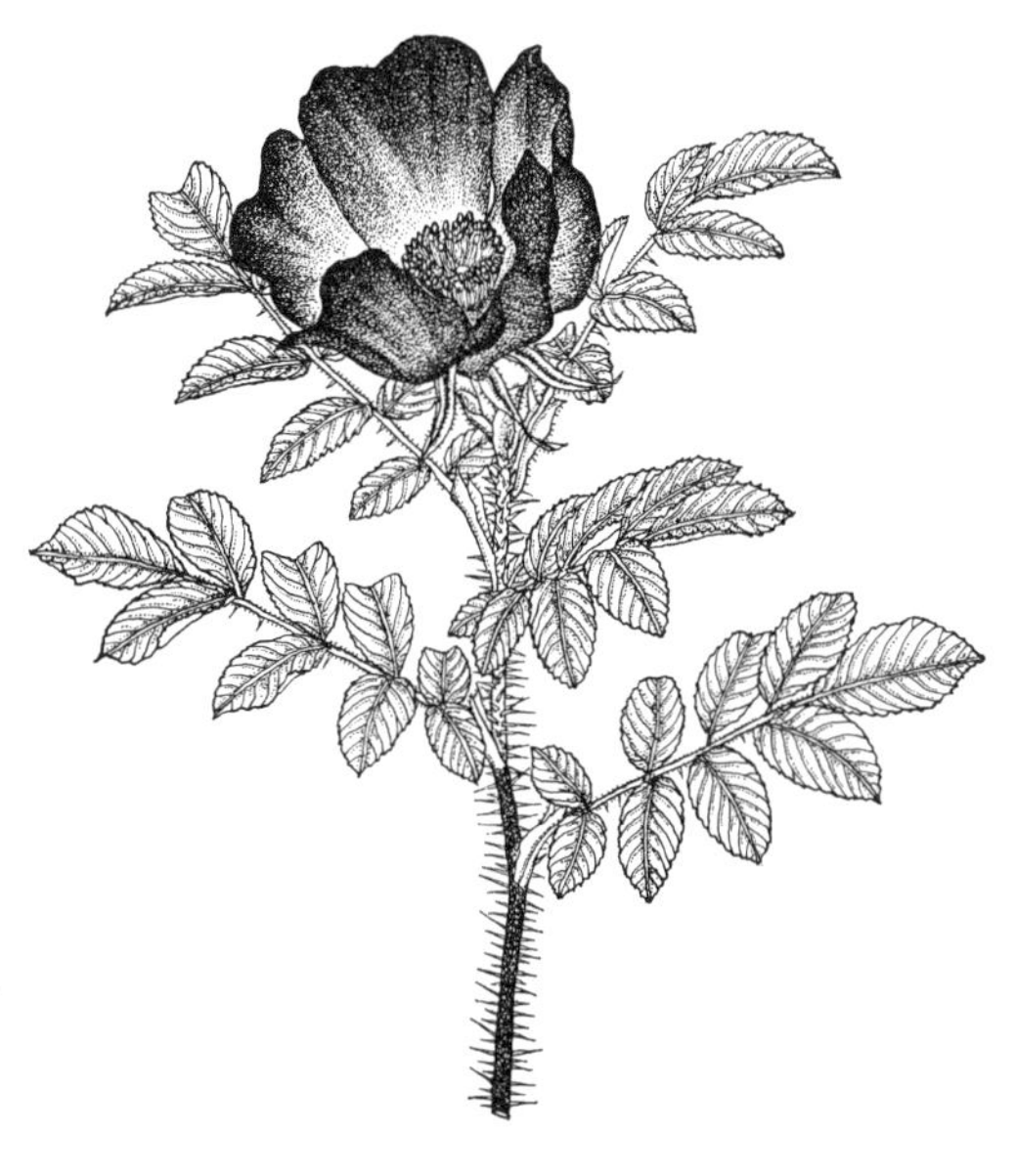

Rosa rugosa Thunberg

たつなみそう

シソ科に属する五月の野草で、背のたかさは鉛筆ぐらい。

わたしは、この花をみるたびに、北斎の名作〈神奈川沖浪裏〉をおもい出す。頭のまるいむらさき色の唇形花が、同じ方をむいて穂に咲いているところは、いかにも波がしらのようで、これに〝立浪草〟の名をつけたむかしの人の直感と風雅にはまったく一言もない。

この草は、わりあいに分布がひろく、東京の郊外でも、土堤(どて)や、丘陵の日あたりのいい道ばたでときどき出あうが、たいていほかの雑草のなかにまぎれこんでいるから、うっかりすると見すごしてしまう。

名まえのわりには、案外、つつましい花である。

・絵は、東京郊外五日市付近のもの。*20 V 1962.*

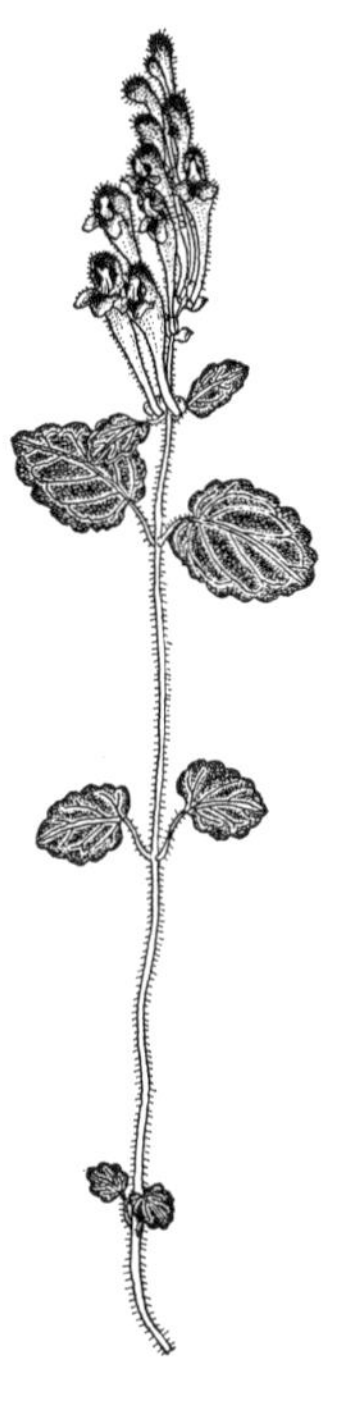

Scutellaria indica L.

つゆくさ

道ばたや空地に多いツユクサ科の雑草。

花びらは、上の大きな二枚がふかい碧色で、下の小さな方は白の半透明。そのあいだに鮮黄色の雄しべがのぞき、いいアクセントになっている。

花はまことにせん細で、日が高くなると、いつの間にかしぼんでしまう。まったく露草の名のとおりである。

古名はツキクサ。むかし摺染(すりぞめ)に使われたといわれるが、水に弱く、万葉集の〈鴨頭草（ツキクサ）に衣いろどり摺らめどもうつろふ色といふが苦しさ〉（巻七）の歌にそのなげきがあらわれている。いまでも、青花紙の原料として、友禅染などの下絵に使われているそうだが、これはその消えやすい性質を利用したものであろう。

ただの雑草ながら、このはかなさが、ツユクサをいっそうあわれに美しいものとしている。

・絵は、庭のもの。茎の下の方は地面をはっている。*7 VIII 1961.*

Commelina communis L.

グロキシニア

ぐろきしにあつかみつぶせばしみじみとから紅（くれなゐ）のいのち忍ばゆ　白秋

ブラジル原産の温室植物で、その鉢植は、晩春から夏にかけて町の花店を賑わす。花茎の高さは鉛筆ぐらい、花も葉も厚手で、ビロードのような感じがする。よっぽど湿気の多いところの生まれらしく、全体が水っぽくて、その筒型の花などは、白秋ならずともつかみつぶしたい衝動にかられる。

花のいろは、ふつう濃い紫か紅色だが、白秋の歌を知ったころは、ふちの白いのが多かった。それでわたしの愛着もふかいのだが、近ごろでは、どういうわけかほとんど覆輪のものを見かけない。いろいろ心がけているうちに、やっとめぐり会ってこの絵ができた。

・イワタバコ科。絵は、園芸店で買った鉢植のもの。*8 VII 1965.*

Gloxinia speciosa Lodd.

ほたるぶくろ

キキョウ科の野草。樹々の緑はいよいよ深く、丘の道に草いきれが感ぜられるようになると、ホタルブクロの季節がくる。

野草にしては花が大きくて、*Campanula* の属名が示すように、つり鐘のかたちをしている。牧野植物図鑑に「小児其花ヲ以テ螢ヲ包ム故ニ螢囊ノ和名アリ」と出ているが、〝ホタルブクロ〟とは、いかにも牧歌的でいい名まえだと思う。花のいろもすこし濁った淡紫で、あんまり冴えないところがかえって親しめる。

その内側をのぞいてみると、濃い紫の点々がいっぱいあって、外側よりよっぽど派手である。しかし、花はみんな下を向いて垂れているから、せっかくの意匠も通りすがりにみただけではだれも気がつかない。結局それは、螢たちのための室内装飾ということであるらしい。

・絵は、青梅付近のもの。*10 VII 1965.*

Campanula punctata Lam.

紫蘭

紫蘭（しらん）咲いていささか紅（あか）き石の隈（くま）目に見えて涼し夏さりにけり　白秋

歌稿をふところに、谷中天王寺の白秋邸にしげしげと通っていたころ、よく先生がこの歌を短冊にかいておられるのを見た。それはきまって濃い紅色の短冊だった。

わたしは、それがほしくてたまらず、何度かおねだりのことばがのど元まででかかっていながら、どうしても、それを口にだすことができないで、とうとうそのままになってしまった。

わたしの庭にも幾株かの紫蘭が植えてあって、毎年、五月の末には冴えた紅紫色の花をつける。その花をみるたびに、何十年まえのあの短冊の色が思い出されてならない。

・ラン科。まれに野生しているが、ふつう、園芸植物として庭に植えられている。
絵は、庭のもの。*1 VI 1963.*

Bletilla striata Reichb.fil.

ジギタリス

夏の日なかのヂキタリス、釣鐘状（つりがねがた）に汗つけて光るこころもいとほしや。　白秋

ヨーロッパ原産の栽培植物。学名の *Digitalis purpurea* は、紅紫色の指袋という意味らしい。和名は〝きつねのてぶくろ〟となっているが、これは、英名の *Foxglove* からきたものである。狐の手袋とはいかにも童話的でおもしろい。

丈は一メートル以上になり、大きいのは肩にとどくぐらい。学名の示すように紅紫色の筒型の花が層状につく。花の内側に濃い点々があって、とてもそれがしゃれている。

葉はさきの細まった長楕円形で、心臓の薬に使われる。ずいぶん皺だらけの葉っぱだが、そのほうがよく効きそうな感じがしないでもない。

——そういえば、ファン・ゴッホの〈医師ガッシェ像〉に描かれている花はこのジギタリスである。

・ゴマノハグサ科。絵は、庭のもの。*24 V 1959.*

Digitalis purpurea L.

やまぼうし

ミズキ科の樹木。花は六月に咲く。四枚の白い花弁のように見えるのは苞で、中心の粒々がほんとうの花である。

ちかごろ、近縁のアメリカヤマボウシ（花水木）というのがだいぶはやって、そこかしこに植えられているが、アメリカのものは、苞の先が丸くて少し凹んでいるのに、日本種の方はさきが尖っている。そして、葉の緑と苞の白との対照がアメリカのより鮮麗で、このモードはかえって異国調でさえある。

そのかわり、日本のヤマボウシは、上からでないと、花はよく見えない。山歩きをしていて、登りには全然気がつかなかったのに、同じ道をおりるとき、眼の下一面のその花を見てびっくりすることがある。樹木の花には、ときどきそんなのがあるが、この木やホオノキなどはその典型だろう。もっとも、人間の世界にもそういうことがあって、たとえば輪舞のステージなんか、一階席からみたのでは、そのよさはわからない。

・絵は、東京郊外のもの。*20 VI 1958.*

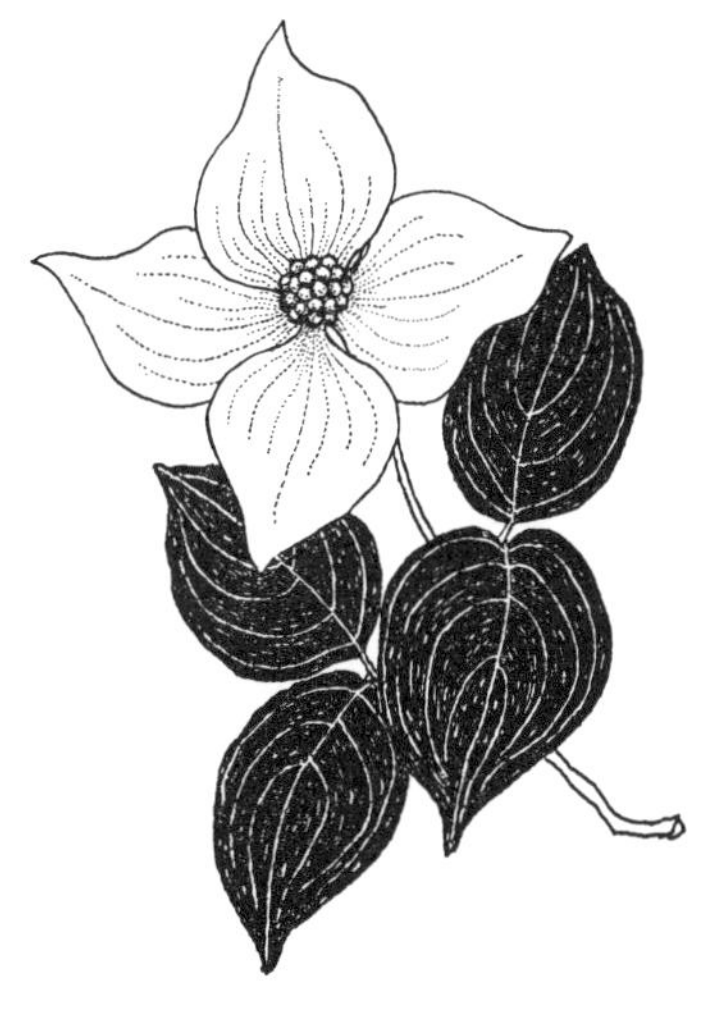

Benthamidia japonica Hara

からすむぎ

晩春の郊外でときどき見かけるイネ科の雑草。

地味なイネ科のなかではいちばんのしゃれ者で、わたしのお気に入りのひとつである。

燕麦（エンバク）とよく似ていて、その原種らしいといわれるが、カラスムギの果には、二本の長いひげのようなノギが出ているところが燕麦とちがう。

燕麦の方は、オートミールの原料として、または牧草として栽培され、北海道あたりにはその畑が多い。白秋の〈燕麦は今刈り了へて真夏なり修道院にいたるいっぽんの道〉は、渡島当別（しまとうべつ）のトラピスト修道院の風景である。

・絵は、東京郊外のバラ園のすみに生えていたもの。高さは、わたしのひざぐらいまであった。*12 VI 1960.*

Avena fatua L.

みずばしょう

テンナンショウ科。〝ミズバショウ〟は、水湿地にはえ、その葉がバショウに似ているところからきた名まえで、佐藤佐太郎の〈漸(やうや)くに暗きにみゆる草むらや水芭蕉(みづばせう)あり葉はもののし〉の歌のとおり、葉は、花のあと、見ちがえるように大きくたくましくなる。

北方の山地に多く、北海道では平地にもみられる。花はだいたい六月である。ミズバショウといえば、尾瀬が有名だが、先年、青森から十和田湖にゆく途中でみた大群落はすばらしかった。見わたすかぎりの湿原に、白い帆の小さなヨットがひしめき、雪どけのつめたい水にその影をうつしていた。

白い帆のように見えるのは、実は苞なので、ほんとうの花は、まんなかの柱についている小さな粒々である。寒いあいだ、苞はよっぽどしっかりと花茎をつつんでいたと見え、開いたのちも、しばらくは、その粒々の跡が網の目のように残っている。

・絵は、十和田付近のもの。*30 V 1959.*

Lysichiton camtschatcense Schott

Jul.~Sept.
7月～9月

むらさきしきぶ

クマツヅラ科の低木。*Japonica* の学名のとおり、日本の原産種で、ツンベルグによって学界に発表されたものである。

初夏のころ、淡紅紫色の小さな花が集まって咲く。ひとつひとつの花から、レモン・イエローの葯(やく)がとび出していて、よくみると、なかなかしゃれているのだが、あいにくそのころは、葉がしげっているために、花はあまり目だたない。

東京あたりの郊外でもよく見かけるけれども、目につきやすいのは、やっぱり晩秋、葉が落ちてしまってからである。そのころになると、細い枝々に、冴えた紫色の果実が宝石のようにうつくしく、「これが紫式部ですよ」と指さすと、たいていの人は反応をみせる。

・絵は、奥多摩鳩の巣のもの。葉の裏側から見たところを描いた。*8 VI 1962.*

Callicarpa japonica Thunb.

雪の下

雪の下白く小さく咲きにけり喜蝶が部屋の箱庭の山　　白秋

ユキノシタ科の代表。この科は、ウツギやアジサイまでも含む大家族である。ユキノシタは、ときどき庭などに植えられているけれども、ほんらいは野草で、人里ちかい谷川の岩などに自生し、六月ごろ白い花をたくさんつける。上の三弁は小さく、よく見ると濃い紅紫色の斑点があったりして、なかなかこったデザインだが、全体としては、あまり陽気な草ではない。

そういう意味で、白秋の〝喜蝶が部屋〟は、この花の雰囲気をじつによく捉えていると思う。

・絵は、庭のもの。*5 VI 1962.*

Saxifraga stolonifera Meerb.

あじさい

ユキノシタ科の低木。日本原産のガクから改良された園芸品種である。

アジサイは、一九世紀の中ごろ、シーボルトによって、*Hydrangea Otaksa* と命名され、はじめて学界に発表された。この〝オタクサ〟は、彼が長崎に在留していたときの愛人〝お滝さん〟の名にちなんだものといわれる。現在、シーボルトの旧居にはアジサイが植えてあって、そのそばに、このことを書いた石碑かなにかが建てられているそうである。

もっとも、彼の著〈フロラ・ヤポニカ〉に出ている原記載をみると、そんなことはどこにもなくて、「これは、出島の植物園にオタクサの名で栽培され、七月に花が咲く」と書いてあるだけである。いかにも白ばくれた説明のように思うのだが、どういうわけで本当のことを書かなかったのか、そんなせんさくはともかくとして、この学名が、アジサイの花をいっそう優婉なものにしていることはまちがいない。

・絵は、旧赤坂離宮の庭のもの。*5 VII 1960.*

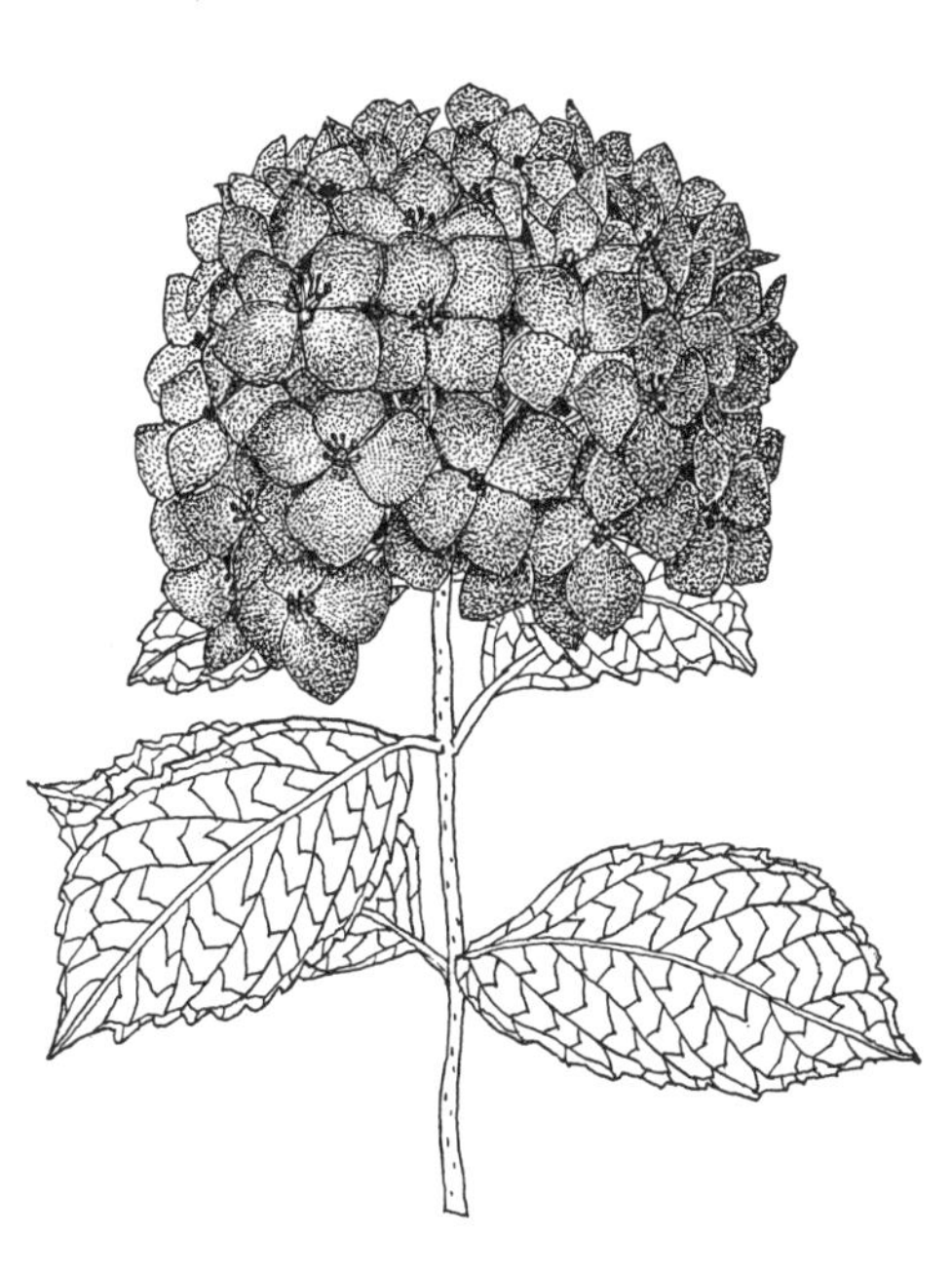

Hydrangea Otaksa Sieb. et Zucc.

てりはのいばら

白南風（しらはえ）の光葉（てりは）の野薔薇過ぎにけりかはづのこゑも田にしめりつつ　白秋

この歌の〝光葉の野薔薇〟は、葉に光沢のある野バラの意味にはちがいないが、多分それは植物学上の〝テリハノイバラ〟だとおもう。

白秋先生は、いつも牧野植物図鑑を身ぢかにおいて、なにかというとそれを繰っておられたし、このバラのこともむろん知っておられたはずだ。その牧野図鑑によると「和名照葉ノ薔薇ハ其葉面ニ光沢アルヨリ云フ」となっている。

テリハノイバラの花季は六・七月で、初夏の陽光のなかを汗をふきながら丘をのぼってゆくようなとき、わざわざ踏まれそうなところに匐（は）いだして、白い花をつけていたりする。どうせこんな道をトラックや荷馬車が通るはずはないと、たかをくくっているようである。そういった環境のせいか、普通のノイバラのように埃っぽいところもなく、その葉面の反射はまるでステインレスの金属光だ。

・バラ科。絵は、青梅付近のもの。*18 VI 1961.*

Rosa Wichuraiana Crépin

どくだみ

どくだみの花のにほひを思ふとき青みて迫る君がまなざし　白秋

家のかげや、庭のすみにはびこっているドクダミ科の雑草。〝十薬〟の別名もあるように、薬にも使われるらしいけれども、とにかく変な臭いのある陰気な草なので、あまり人からは好かれない。

しかし、七月ごろ、花の咲いたところをよくみると、十字型の白い花弁状の総苞片のまんなかに、淡黄色の花序のたっているすがたは、案外あかぬけしていて、〝青いまなざし〟のみだらな妖気さえ感じさせる。

かつての〝憲法大臣〟金森徳次郎大人は、よくこれを淡彩で描いておられたが、葉脈や茎の赤味をちょっと利かしたりして、なかなかよかった。わたしも、この花をみるたびに、モノクロームの木版画にしたらと思うのだが、それはまだ果たしていない。

・絵は、庭のもの。*14 VI 1959.*

Houttuynia cordata Thunb.

アカンサス

初夏のある日、Y君が「議事堂の前庭にアカンサスが咲いているぜ」と教えてくれた。さっそく行ってみると、なるほど芝生の中にその一むらがあって、大きな葉のあいだに、背丈ぐらいの花茎が何本もたっている。それで、「芝生に立ち入るべからず」の立札を横目に、片足だけそうっと踏みこみ、大急ぎでスケッチした。

全体の形はちょっとタチアオイに似ているけれども、花は西洋の騎士の甲冑のような金属的な苞につつまれ、その間から淡紅色の弁がのぞいているといったぐあいで、あんまり見ばえがしない。アカンサスといえば、ギリシァ建築の装飾のモチーフとして有名だが、こんな地味な植物によくも目をつけたものだと思うくらいである。

だがしかし、スケッチをしているうちに、いかにもそれが〝雄勁(ゆうけい)〟という感じの歯ぎれのいい輪廓をもっているのに気がついてきた。それで、自分のデッサンがとても下手にみえてはずかしくなり、除草婦が近づいてきたのをしおに退散したのだった。

・キツネノマゴ科。ヨーロッパ南部原産の大型の宿根草で、東京では、日比谷公園にも植えられている。絵は、その後友だちにもらったもの。*30 VI 1962.*

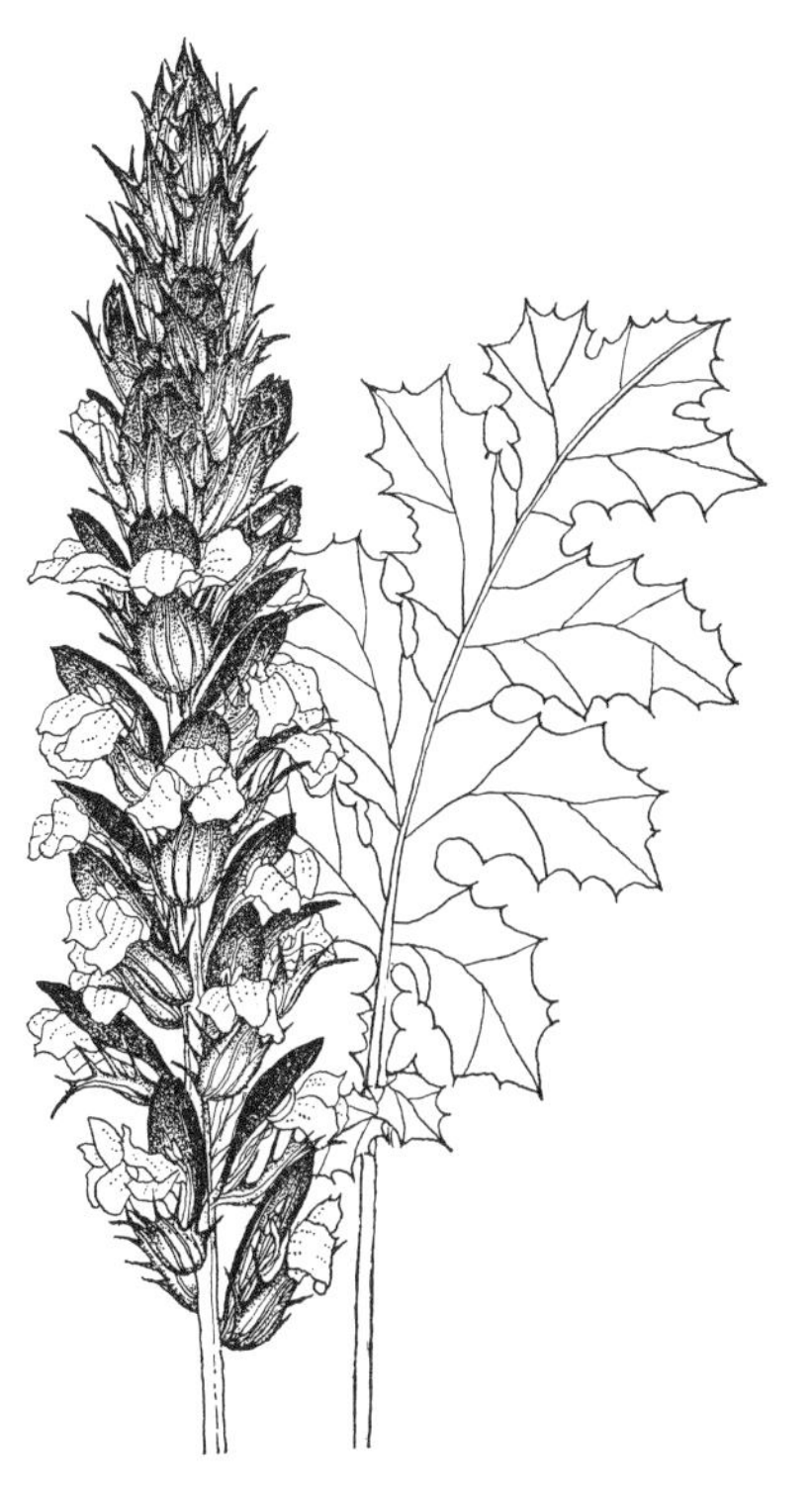

Acanthus mollis L.

大待宵草

ＮＨＫの〝思い出の歌〟というのを聞いていたら「待てどくらせど来ぬ人を」の宵待草の旋律が流れてきて、福田蘭童の話が耳に入った。

そのはなしというのは、作者の竹久夢二に、「宵待草ってなんだい」とたずねたら、彼は「名まえをまちがえたのさ。あとで待宵草がほんとうだと気がついたけれども、もうみんなが〝宵待草〟で歌っているし、いまさらなおせない」と答えたというのだった。

マツヨイグサの種類にはマツヨイグサ、アレチマツヨイグサなどいろいろあるが、いちばん花がはでで、みんなの目につくのはオオマツヨイグサだろう。これはアメリカ大陸から渡来した帰化植物で、いまでは、ほとんど日本中に野生している。そして、初夏のたそがれどき、そこここの鉄道の土手や、海岸や、河原の夕闇のなかに、大がらな黄色の花をぽっかりとひらき、むかしなつかしいセノオ楽譜のあの夢二の表紙画を再現してくれるのである。

・アカバナ科。絵は、那須御用邸構内のもの。*25 VI 1959.*

Oenothera erythrosepala Borbás

うばゆり

杉林や竹やぶなどでみかけるユリ科の山草で、高さは、わたしたちの腰の辺ぐらいまである。

夏、茎のさきに緑白色のユリに似た花をいくつかつけるが、花のころには、たいてい葉がすがれていることから、〝葉無し〟を歯なしにひっかけて、〝姥百合〟と名づけられたものらしい。しかし、そんな語呂合わせまでしなくても、この花がうす暗い森のなかに咲いているのをみれば、だれでも山姥を連想するだろう。

いつかの夏、山陰地方を旅行して、松江の菅田菴(かんでんあん)を訪ねたとき、庵までの雑木林の小道のひとところに、このウバユリの群落があって、緑白色の花が咲いていたのを思いだすが、それは、茶室への小径の添景として、まことに雅趣のふかいものであった。

・絵は、青梅付近のもの。描きやすいので花のひとつのものを選んだ。*14 VIII 1963.*

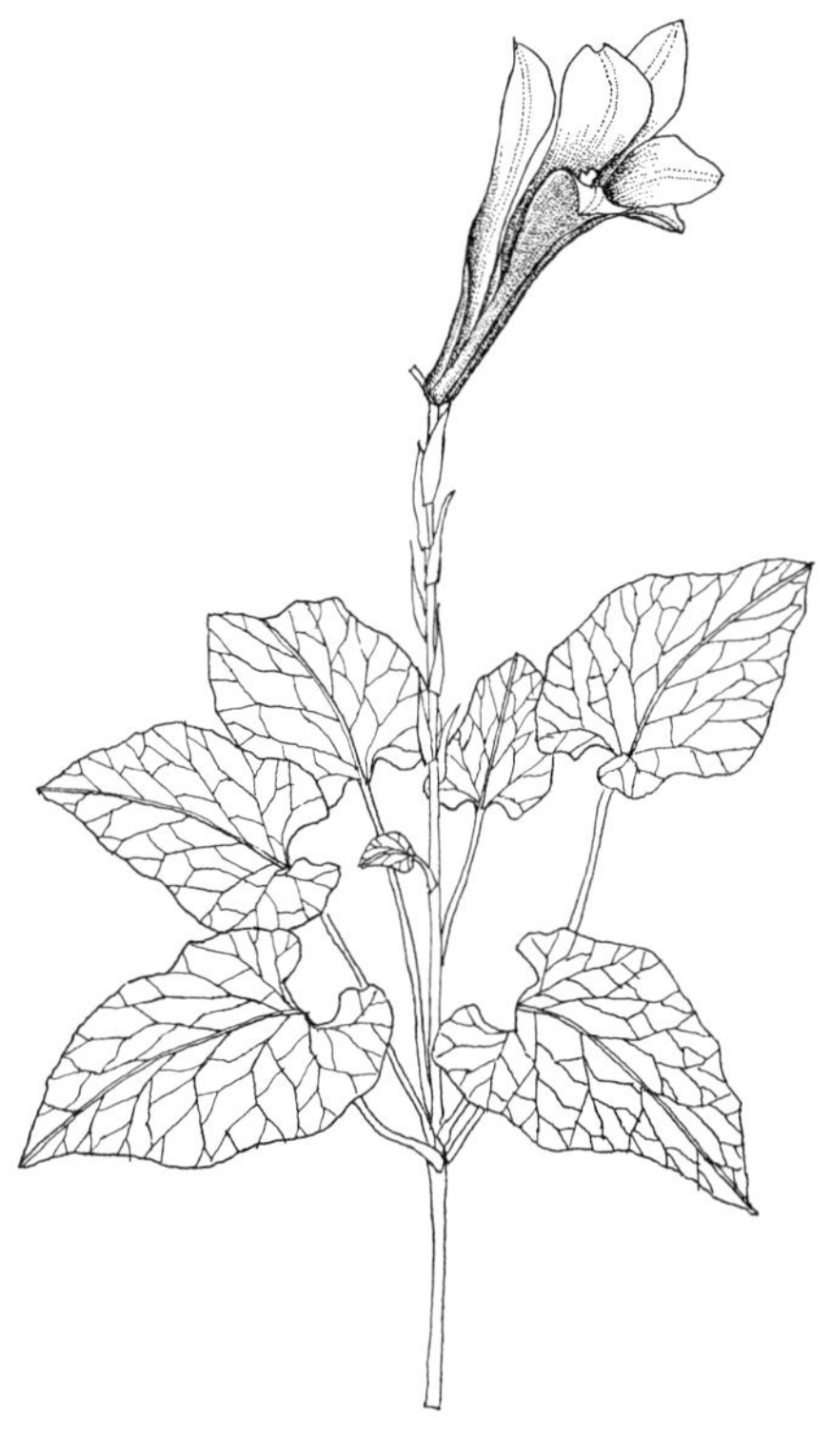

Cardiocrinum cordatum Makino

たけにぐさ

白栄(しらはえ)の暑き日でりの竹煮ぐさ粉にふきいでていきれぬるかも　白秋

荒地に多いケシ科の雑草。ずいぶん大がらで、高さは人間の背たけぐらいになる。むんむんする夏の草いきれのなかに、この白い花の穂がけぶるように咲いている風情は、ちょうど胡粉(ごふん)をうまく使った日本画をみるようだ。それに、葉の裏がまっ白だから、すこし風でもあると、いっそう変化があって美しい。

ただし、この草は有毒植物だそうで、茎を折ると、うす気味の悪い黄褐色の汁が出てきたりする。どうも、遠くから眺めるだけにしておいたほうがよさそうである。

〝タケニグサ〟の語源については、この草といっしょに竹を煮ると、竹がやわらかくなることから出たと伝えられているけれども、牧野富太郎博士は、この説は「信ヲ措(お)キ難シ」といい、「和名ハ竹似草ノ意ニシテ其(その)中空ナル茎幹ヲ竹ニ擬セシ名ナラン乎(か)」と書いている。

〝竹煮草〟のいわれがうそかほんとうかぐらいは、ちょっと実験してみればすぐわかることながら、ついまだわたしは試していない。

・画は、青梅付近のもの。*10 VII 1965.*

Macleaya cordata R.Brown

ていかずら

キョウチクトウ科。蔓(つる)がながくのびて、森のなかの大木などに、よくからみついているが、花に出あうことはまれである。たまに花を見つけても、たいてい、手のとどかない高いところに咲いていて、ただうらめしく見あげるだけということが多い。

ところが、先年、筑波山に登ってのかえり、それが谷間の岩にはっていて、ちょうど花ざかりなのに出あった。それで大よろこびで採ってきたのがこの絵のものである。

花は、小さな白い風車のよう、葉は表が暗緑色で、裏は淡い。

テイカカズラといえば、何か定家に縁があるはずだと思って、あれこれと参考書をさがしたあげく、やっと牧野博士の随筆集に「この草の蔓が定家卿を慕って、その石碑にからみついたという故事にもとづく」とあるのを見つけだした。

・絵は、筑波のもの。白く描いた葉は裏側である。*17 VII 1960.*

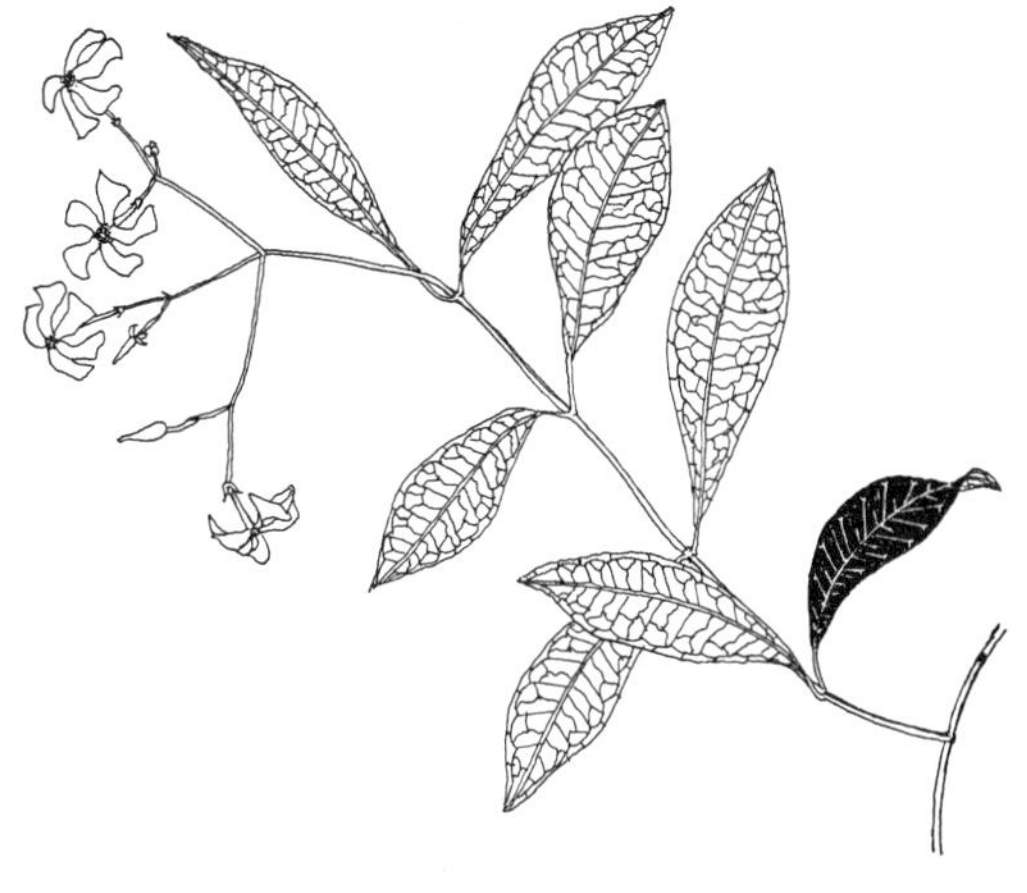

Trachelospermum asiaticum Nakai

やまゆり

ユリ科。関東地方に多く、むかしは横須賀線の沿線などでもよく見かけたものだが、いまでは、よほど草深い田舎にいかないと、野生はみられなくなった。

そのくせ、おそろしく都会的な感じの花で、花の大きさといい、むせるような強烈な匂いといい、日本の野草にはめずらしい。ギャザーをとった白い花びらには、黄色の中心線がとおり、濃い朱褐色の斑点がいちめんに散らばっていて、〝泰西名画〟にみる貴婦人の夏の盛装をおもわせる。

ただ、雌しべの先のねばねばの露がすこしばかり動物的だけれども、そんなことに気のつく人はたぶんいないだろう。

・絵は、茨城県八溝山のもの。*15 VII 1961.*

Lilium auratum Lindley

秋のたむらそう

シソ科の野草で、花はうす紫、穂になって下のほうからだんだん咲きのぼってゆく。〝タムラソウ〟は、〝田村草〟にあてられているけれども、その理由はわからない。秋の花壇をまっ赤にいろどる洋種のサルビアと同じ属ながら、とてもそうは思えないくらい清楚で、いかにも日本の秋草らしい感じである。

秋のハイキングなどで、同行の友だちからよく名まえを聞かれるが、数多い秋草のなかで、その頻度のいちばんたかいところをみると、なにかやはり人をひきつけるものをもっているのであろう。

・早いのは七月の末から咲きはじめるが、盛りは九月である。絵は、東京郊外浅川のもの。*6 IX 1959.*

Salvia japonica Thunb.

くず

マメ科のつる草で、秋の七草のひとつ。どこにでもある雑草ながら、葉ばかり大きく、しかも繁りすぎているために、せっかくの花に気がつかないことが多い。花茎は、フジの花房をさかさまに立てたようなかっこうで、一つ一つの蝶形花（ちょうけいか）は、えび茶と濃いむらさきの染めわけになっている。その渋い美しさに目をつけた憶良（おくら）の選択は相当なものだと思う。

初秋の山道をあるいていて、ふと足もとにこの花の落ちているのを見つけ、あたりをみまわすと、大きな葉っぱの重なりのあいだにこの赤紫の花茎がのぞいている。そんなとき、いつもわたしは、迢空（ちょうくう）の傑作〈葛の花　踏みしだかれて、色あたらし。この山道を行きし人あり〉を思い出すのだが、わたしがクズの花に好意をもっているのも、半ばはこの歌のせいにちがいない。

・絵は、東京郊外浅川のもの。*6 IX 1959.*

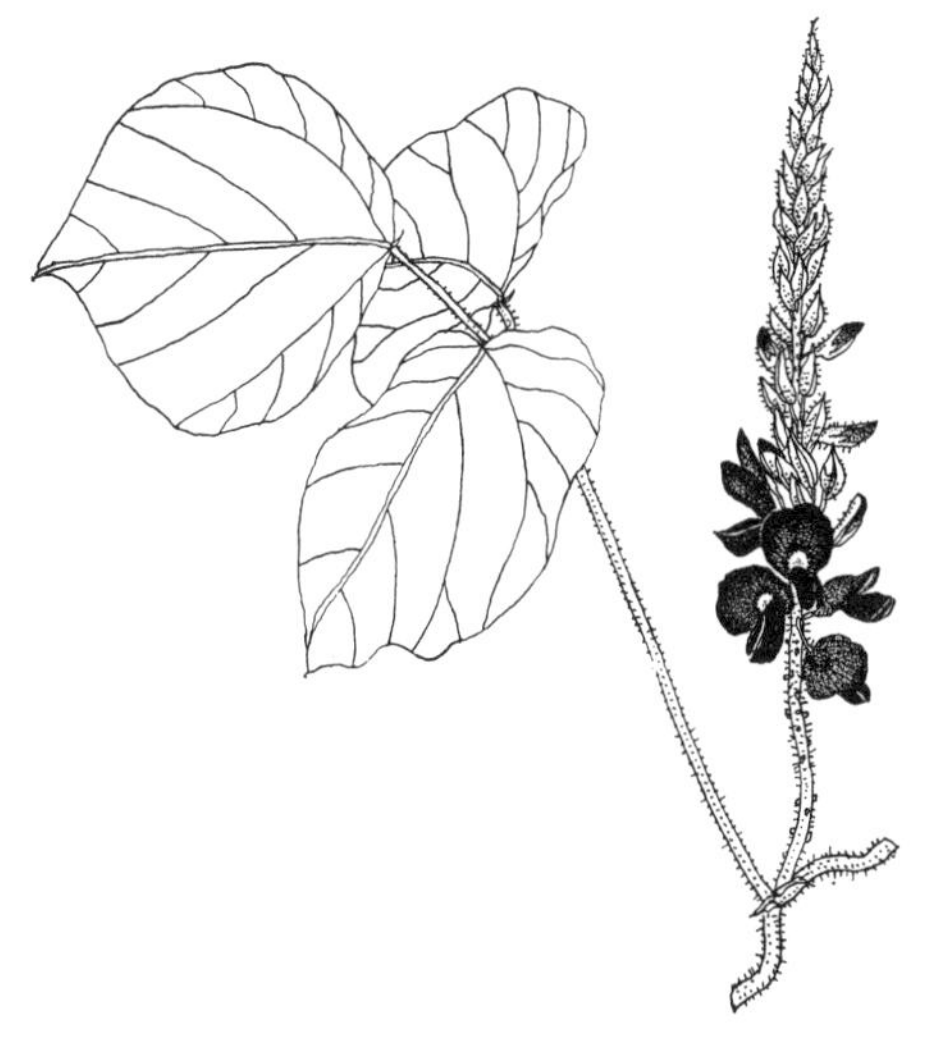

Pueraria lobata Ohwi

朝顔

化学肥料全盛というのに、どこかまだ油かすのにおいをまとっている。むかしの蓄音器のらっぱみたいな花の形も明治・大正調である。

それでも、夏の朝、とおりすがりの垣根にその赤や紫の花々がいっぱい咲いているのをみると、やっぱり新鮮にみえるから不思議だ。

わたしのところでも、老父が毎年いく鉢か仕立てていたが、今年は庭いじりもおっくうになったようで、父のために家内が買ってきた苗はとうとうわたしが植えた。

そんなことで、どこの家でも、朝顔は年とともに過去の花になってゆくのであろう。

・ヒルガオ科の栽培植物。同じ科のヒルガオは、方々に野生している雑草で、昼間、アサガオを小さくしたような桃色の花をひらく。絵は、庭のもの。描いた日付は忘れた。

Pharbitis Nil Choisy

ウォーター・ヒアシンス

月しろか、いな、さにあらじ。
薄ら日か、いな、さにあらじ。
あはれ、その、仄（ほの）のにほひの
などもさはいまも身に沁む。
さなり、そは、薄き香（か）のゆめ。
ほのかなる暮の汀（みぎは）を、
われはまた君が背（せ）に寝て、
なにうたひ、なにかかたりし。…………

〝水ヒアシンス〟という白秋の詩の一節である。和名は布袋葵（ほていあおい）。ミズアオイ科の水草で、熱帯アメリカの原産といわれる。本来は観賞用として輸入されたものであろうが、白秋の郷里の筑後辺ではすっかり野生化して、堀割一面この花で蔽（おお）われていることがある。

花は淡紫。その上片には黄色の斑点があり、濃い紫の線がそれを囲んで、孔雀の羽のようにみえる。花全体がヒアシンスよりずっとほのかで、まさに〝そは、薄き香のゆめ〟である。

Eichhornia crassipes Solms-Laub.

・絵は、百貨店で買ったもの。*26 IX 1960.*

おしろいばな

おしろい花の黒きたね
爪を入るれば粉のちりぬ。
幼(をさ)なごころのにくしみは
君の来たらぬつかのまか。
おしろい花の黄(きな)と赤
爪を入るれば粉のちりぬ。

白秋

横丁の夕やみに、ふとすれちがった銭湯がえりの下町娘、そんな感じの花である。暑い日中はつぼんでいて、暮れ方になると咲きはじめる。真紅や、白と紅のしぼりや、いろいろあるが、黄と赤の染めわけになっているのがいちばんこの花らしい。夕闇が濃くなるにつれて、花の色はしだいに沈み、そのかわりに、あの独得のあまい匂いがただよってくる。

南米原産の栽培植物だけれども、自然のこぼれ種で毎年はえる。それが、裏町の床屋の店先だとか、長屋の格子窓の下などによく咲いていて、高級住宅地ではあまり見かけないから不思議である。

Mirabilis Jalapa L.

・オシロイバナ科。名まえのとおり、種子をわると、なかに白粉のような胚乳がつまっている。絵は、東京の町中のもの。*3 X 1958.*

烏瓜

ウリ科のつる草。晩秋の赤い果実のことは知っていても、この花をみた人はあまりいないだろう。それはそのはずで、竹やぶや樹林の夏のしげみに、夜になってひっそりと咲き、翌朝は、みる影もなくしぼんでしまうからである。

いつだったか、そのつぼみをコップにさして観察したことがあった。急ぎの原稿を書きながら、ときどき横目でみると、外の夕闇が濃くなるにつれてだんだんふくらんでゆく。そして、いよいよというとき、つい仕事に気をとられているあいだに、もうそれはすっかり開ききっていた。

花心(かしん)はうすい黄色で、白い花弁が五つにわかれ、そのまわりは、何とも繊細なレース編みになっている。まったくそれは、〝真夏の夜の夢〟にでてくる妖精の、漂々と透けてうつくしいあの白い衣裳だ。わたしはそれに見とれながら、いまにも窓外の暗がりから、パックのけたたましい笑い声が響いてくるのではないかと思った。

・絵は、近所のお寺の垣根のもの。*17 VIII 1958.*

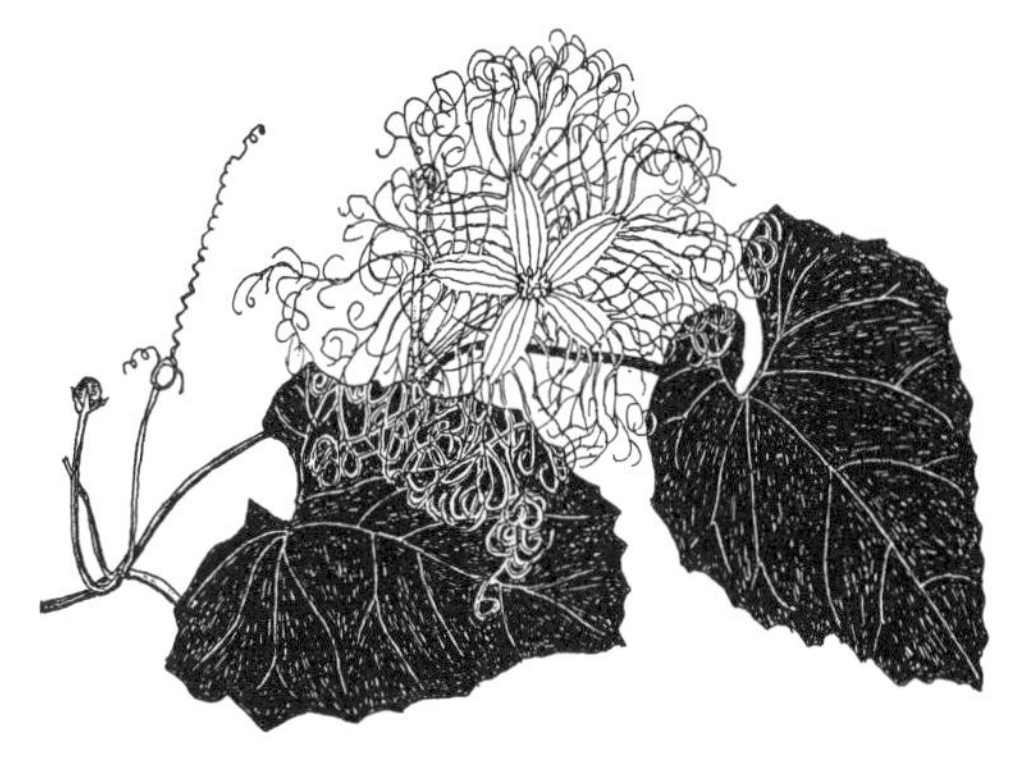

Trichosanthes cucumeroides Maxim.

ゆうがぎく

キク科。ふつう、野菊と総称されているもののひとつで、同じなかまのノコンギクやヨメナなどとともに、秋の野みちには欠かせない花である。

野菊の類は、みなよく似ているが、ノコンギクとヨメナは花が淡紫で、ユウガギクの花は白っぽい。そして枝がいくらか横に張っている。野菊のなかでは花季がいちばん早く、場所によっては、立秋の前から咲いていることもある。

和名は、そのやさしい感じからいって、〝優雅菊〟の意味ではないかと思っていたのだが、牧野植物図鑑をみると、「柚ケ菊ノ意ナリト云フ」と書いてある。だがしかし、べつに柚子の匂いがするわけでもないし、その理由はよくわからない。

・絵は、東京郊外浅川のもの。*20 IX 1959.*

Kalimeris pinnatifida Kitam.

つりがねにんじん

海ぞいのほこりっぽい崖道の草むらに、小さな鐘の形をした淡むらさきの花々が風にゆれていた。福井の小学生時代、夏休みを敦賀(つるが)で過したときのことである。それがツリガネニンジンをみた最初だった。

そのころ、敦賀には、ロシアの領事で絵の上手なフヨドロフという人がいて、彼が父にくれた油彩の小品がわたしの家にあった。その絵は、白い砂浜の夏の海景でありながら、なんともいえない暗い色調のものだった。彼が胸を病んでいたせいなのか、あるいは彼の祖国の陰影がそうさせたのか、それはしらないけれども、その特異な色調はいまでもわたしの印象にのこっている。

ツリガネニンジンは、ごく普通の野草で、晩夏の山歩きにはおなじみの花だが、明るいはずのその淡むらさきが、わたしにはいつもかげをひいて見える。きっとそれは、フヨドロフの絵のせいにちがいない。

・キキョウ科の野草。絵は、那須高原のもの。*28 VIII 1963.*

Adenophora triphylla A.DC.

琉球やなぎ

ナス科。ルリヤナギの別名もある。高さは、わたしたちの背たけぐらい。しだれた細い花茎にうす紫の花をたくさんつける。葉の形がヤナギに似ているために、この名が出たのであろう。葉も茎も白緑色で、蠟をひいたような感じである。

ある年の夏、家内と松江に旅行したとき、小泉八雲の旧居の小さな玄関のわきで、はじめてこの花を見た。

何だろうと、落ちた花のひとつを拾ってポケットにしのばせ、奥から管理人の出てくるのを待った……。

東京に帰って調べてみたら、ナス科の一種で、南米原産のリュウキュウヤナギだということがわかったが、さて、それが八雲のころから植えられていたものかどうか、大事なことを聞くのを忘れて、惜しいことをしたと思っている。

・リュウキュウヤナギの名は、これが、江戸時代の末に琉球を経てもちこまれたことによるという。その後、東京の百貨店で、花の咲いた鉢植をみつけた。絵は、八雲旧居のもの。*28 VII 1962.*

Solanum glaucophyllum Desf.

われもこう

〝吾木香〟または〝吾亦紅〟と書かれることもある。

いくつかの枝にわかれた細い茎のさきに、えび茶色の小さな花のかたまりを付け、いかにも秋草らしい渋さをもっている。植物学上はバラ科に属するけれども、しろうと目には、とてもそうは見えない。

スケッチは、那須高原のものだが、そのまわりには、シラヤマギクの白い花や、アキノキリンソウの黄の花むらが秋風にゆれていた。

この草は、生まれつき淋しがり屋で、どこで出あっても、たいてい、そういったなかまといっしょにいる。

・東京の郊外でもときどき見かける。絵は、那須高原のもの。*4 IX 1958.*

Sanguisorba officinalis L.

ほうらいしだ

江の島に熱帯植物園がある。このあいだ、そこに行って聞いたことだが、この植物園は、明治初年、江の島をはじめて拓いた英国の商人コッキングの庭園のあとで、いまもある竜舌蘭だとか、クック・アロウカリアだとか、ビロウ樹だとかの南方植物は、そのころ彼が集めたものらしい。

そこに大きな温室のあとがあって、むかしの煉瓦壁がのこっている。この煉瓦のつぎ目つぎ目に、ホウライシダがいっぱい着いていた。わたしは、こっそりとその一茎をつんでスケッチブックにはさんだ。

ホウライシダは、よく夜会の盛花などに添えられる南方系のシダ、アジアンタムの一種である。この英国商人は、秘密の地下室に兵器類を貯えて、西南戦争のとき、それで大もうけをしたなどといわれているが、ここのホウライシダも、コッキング家の全盛時代、その晩餐の卓をかざったもののこぼれ種なのかもしれない。

・日本でも四国・九州には自生がある。和名は、〝蓬萊羊歯〟の意味。絵は、高知県のもの。*20 VII 1966.*

Adiantum capillus-veneris L.

彼岸花

曼珠沙華一むら燃えて秋陽つよしそこ過ぎてゐるしづかなる径　利玄

ヒガンバナ科。〝曼珠沙華（まんじゅしゃげ）〟の呼び名もある。この花ほど季節に忠実なものはないだろう。毎年、彼岸のころになると、そこかしこの田圃のあぜ道や、丘の墓場や、鉄道の土手を血のように赤くいろどる。

野生植物に似あわず華美なくせに、手にとってじっと見つめていると、一まつの淋しさとともに、何かしら妖気のようなものを感じさせる不思議な花である。

いつだったたか、「ヒガンバナって春の彼岸にも咲くんですか」というほほえましい質問を受けたことがあるけれども、それが咲くのはもちろん秋だけで、第一、あの毒々しいまでに赤い花の色は、残暑の炎をくぐらなければ、とうてい出せるものではない。

ヒガンバナこそは、夏の祭典の終幕をつげる最後の打上花火である。

・絵は、東京郊外のもの。*23 IX 1958.*

Lycoris radiata Herbert

みずひき

何年かまえに郊外から移植したミズヒキが庭中にひろがって、だいじな植木鉢のなかまでも侵入してきた。この夏は、それを目のかたきにして、手あたりしだいに引きぬいたのだったが、今朝、庭におりてみると、隅っこに残しておいた二、三株があの鞭のようなながい穂を出し、赤い粒々の花をつけているのに気がついた。まわりのツユクサの碧色にまじって、その赤い線が交叉している風情は、まったく日本画をみるようで、もし題をつけるなら〝雑草園秋色〟とでもしたいところである。そして、いまさらながら、そのなかまを邪険にあつかったことを後悔した。

ミズヒキの花をよくみると、上側は赤くて下側は白い。だから、普通は赤い穂にみえるけれども、これをさかさまにすると、たちまちそれは白い穂にかわる。そういうところから、紅白の水引にみたてて、その名まえができたという。しかし、この花穂をわざわざさかさまにしてみるような物好きはまずいないから、この卓抜な趣向も、世の批評家たちからは見すごされている。

・タデ科の雑草。絵は庭のもの。*1 IX 1958.*

Tovara filiformis Nakai

おけら

キク科の野草。万葉集に出てくるウケラはこれである。

乾いた丘陵地の林のふちなどに多いが、花は、苞のさきに白くのぞいている程度で、あまり目だたない。そのかわり、苞葉(ほうよう)はたいへん凝っていて、羽状にわかれた一つ一つが重なりあい、せんさいなネット細工になっている。

オケラはムラサキとならんで、武蔵野の名草とうたわれたものだが、その分布はひろく、京都の比叡山などにも、以前はたくさんあったといわれる。しかし、京都では、梅雨のころ湿気ばらいにこの草をいぶすならわしがあって、そのために、比叡のものはほとんど採りつくされてしまったらしい。

この話をしてくれたのは、京都のK君だが、それをきいて、多分わたしがさびしそうな表情をしたのだろう。彼は「いや、今でもね。大原女の秋草のたばに、ときどき、このオケラの花がまじっていることがありまっせ」とつけ加えた。

・絵は、青梅付近のもの。*4 X 1959.*

Atractylis ovata Thunb.

かやつりぐさ

田んぼのあぜ道などでよくみかける雑草のひとつ。すがたがやさしいわりに丈夫で、ブルドーザーの掘りおこした盛り土なんかにもはえている。

穂になった小さな粒々が花で、いっこう見ばえがしないけれども、いかにも秋草らしい風情があって、この草をいちめんに散らした能衣裳の図柄をみたことがあるし、岸田劉生の作品にも、この草を手にした男の画像がある。

〝カヤツリグサ〟は、子どもがその茎を四つに割いて、蚊帳(かや)のようにして遊ぶことから出た名まえだといわれるが、恥しいことに、わたしはその作り方をしらない。たぶん、小さいときから女の子と遊んだことがないせいであろう。

・カヤツリグサ科。大きさはずいぶん違うけれども、エジプトのパピルスと同じ属である。絵は、わたしの庭に自然にはえたもの。*14 IX 1958.*

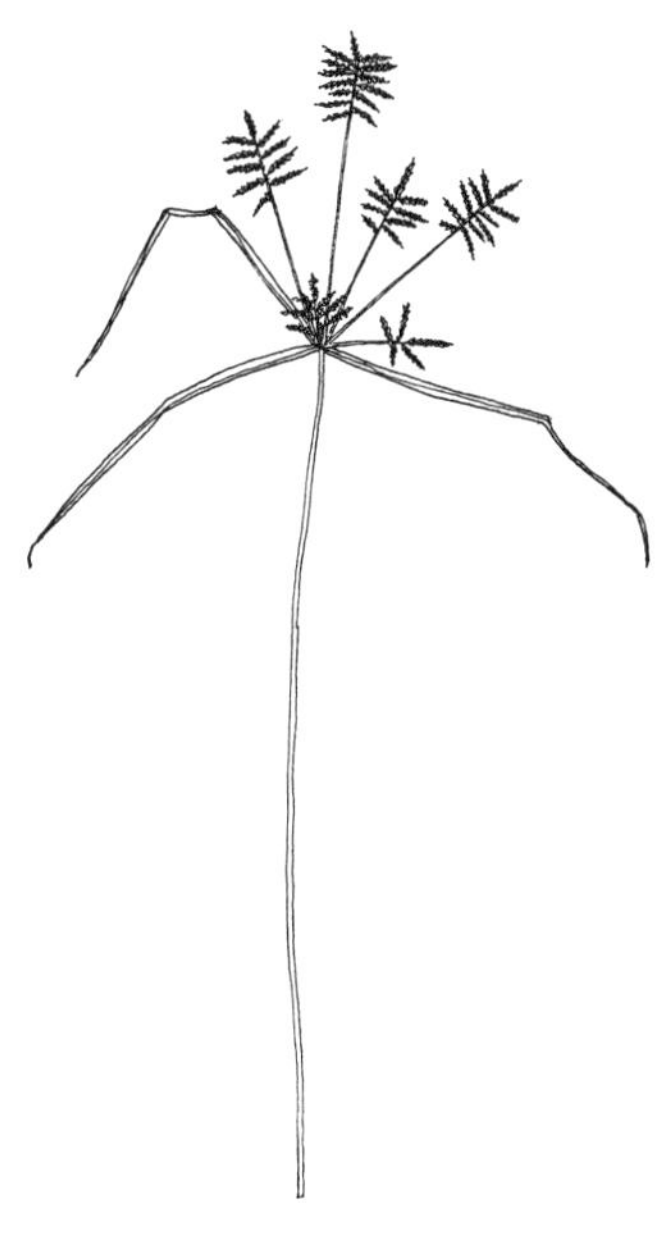

Cyperus microiria Studel

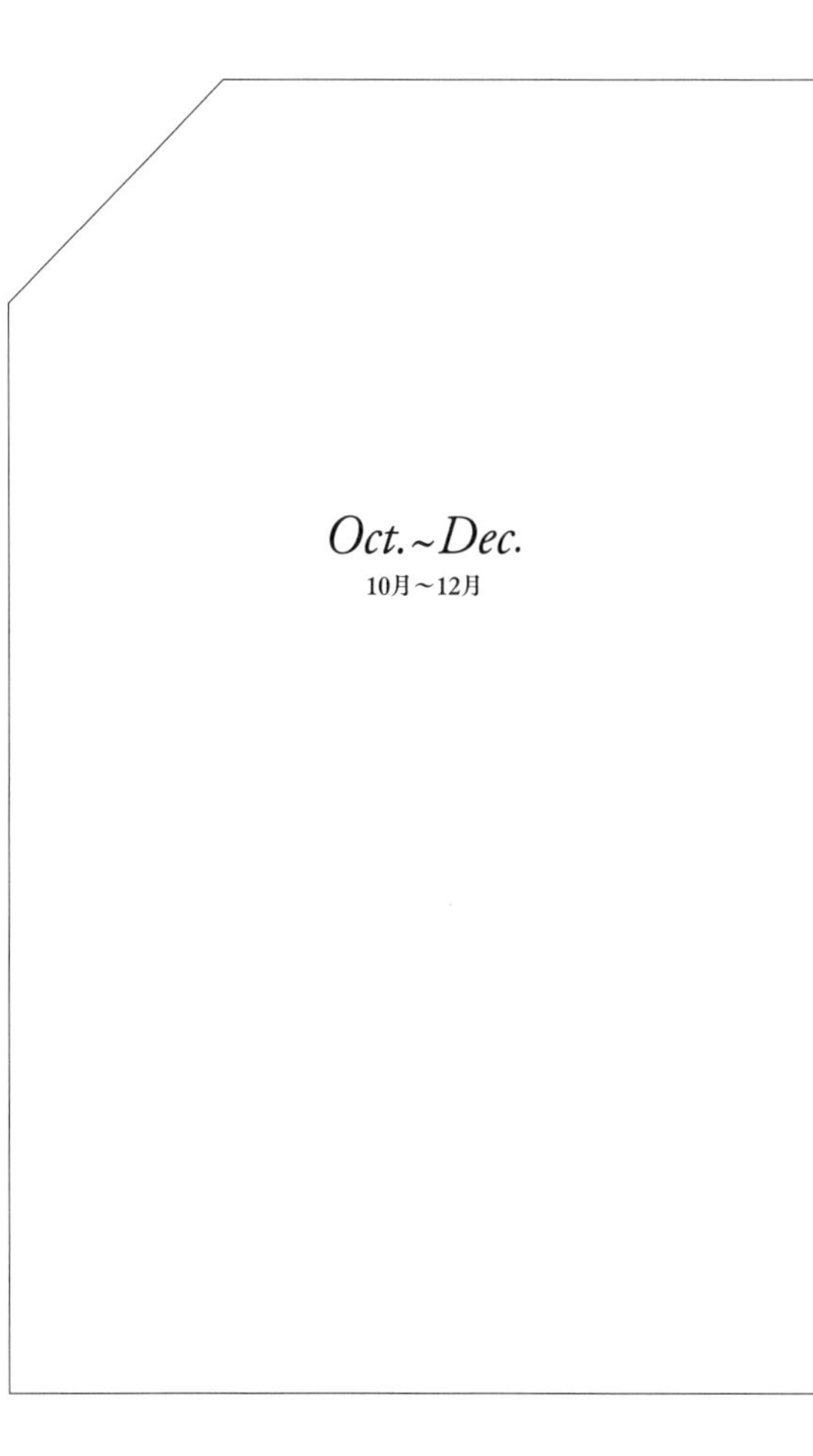

Oct.~Dec.

10月〜12月

コスモス

カーチスの植物雑誌（*1813*）によると、この花はメキシコ原産で、一八世紀の末に欧州に伝えられ、その装飾的な美しさにちなんで、コスモスと名づけられたといわれる。

コスモスの性格はなかなか複雑で、その葉のほそくこまかい分岐といい、やわらかな茎立ちといい、キク科のなかではいちばん繊細な感じだが、そのくせ、台風で倒されても、茎の途中から根をおろして弓なりに起きあがり、平気で咲きつづけてゆく。花のようすも、淋しいようでにぎやかで、一方また、庶民的にみえながらしかも気品を失わない。そして、都会の公園でも、農家の庭さきでも、あるいは操車場の煤煙の下でさえも、あらゆる背景に調和して、それをうつくしい水彩画にしてしまう。

ギリシァ語の〝*Kosmos*〟には、〝装飾〟のほか、調和、秩序、宇宙などの意味があるが、コスモスは、たしかに〝*Kosmos*〟の美徳をそなえている。

・絵は、庭のもの。*4 X 1958.*

Cosmos bipinnatus Cav.

いらくさ

イラクサ科の雑草。アンデルセンだったか、グリムだったか、とにかく子供のころ読みふけった童話のなかに、まま母に追い出されたお姫さまが、この草のいっぱい生えている森の中を泣きながらさまようといったような場面があった。子供ごころにもよほど印象が深かったとみえて、それが〝いたいたぐさ〟（痛々草）という名で出ていたことまで覚えている。

イラクサは、どこにでもある草だが、葉も茎も細いとげだらけで、うっかり触わろうものなら、たちまちみみずばれになって、いつまでも痛みがとれない。なにしろ、花といってもうす緑色の粒々が穂になっているだけの貧相なものだし、まったくいじわるのためにあるような草である。何の因果か、よっぽど造化の神さまのご機嫌のわるいときにできたものにちがいない。

・絵は、東京都の奥地、檜原村のもの。*8 XI 1959.*

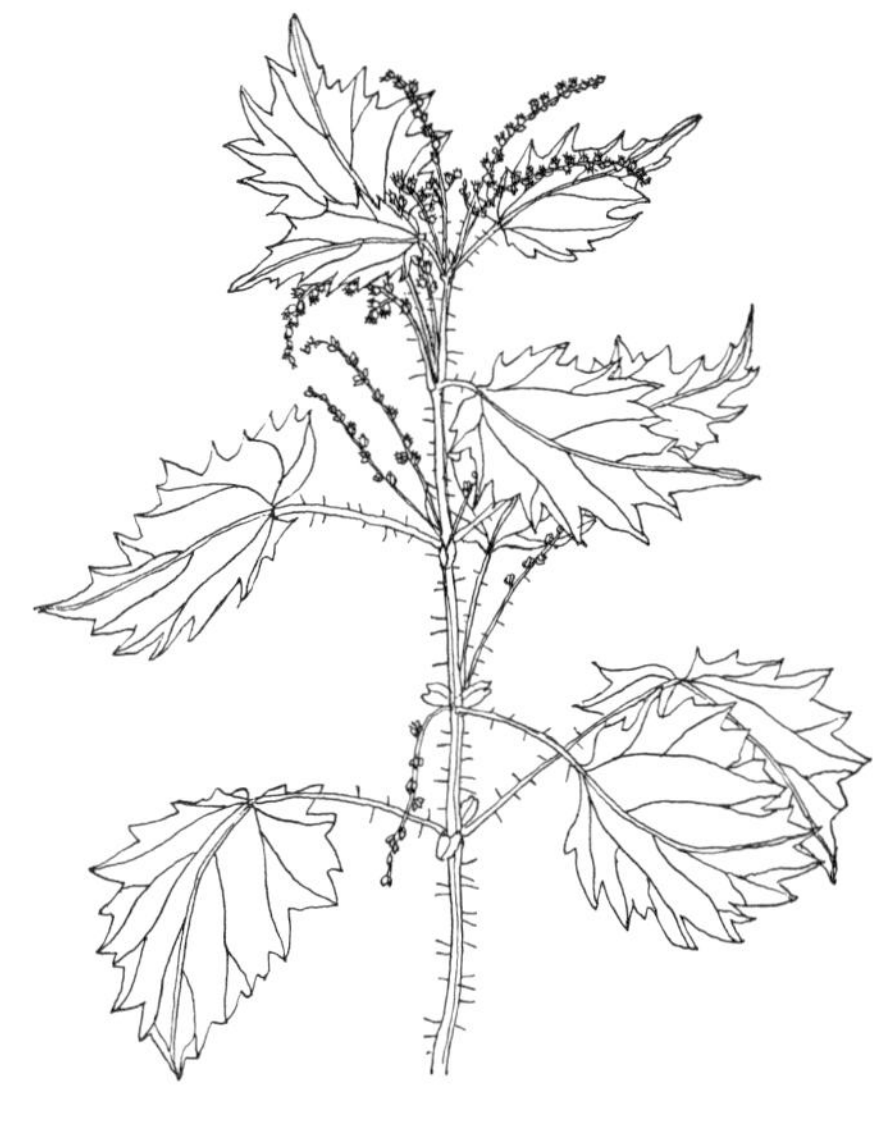

Urtica Thunbergiana Sieb. et Zucc.

おとこえし

オミナエシ科の秋草。オミナエシに似ているけれども、花は白く、全体にがっちりしていて、オトコエシの名にそむかない。

大体、オミナエシと同じように、丘の草地や、林のふちの日あたりに多いが、案外、この二種類がならんで咲いていることは少なくて、なんだか〝男女七歳にして席を同じくせず〟の古い格言を忠実に守っているように見える。だが、そのほんとうの理由は、オミナエシのほうが花季がいくらか早く、しかも短いせいであろう。

いつか、郊外でオミナエシの大きな束をかついでゆく商人をみたが、こんなことをされたのでは、秋の野山は、いよいよオトコエシばかりになってしまうにちがいない。

・八月中ごろから咲きはじめ、一一月に入ってもまだ咲いていることがある。絵は、奥多摩氷川のもの。*28 IX 1959.*

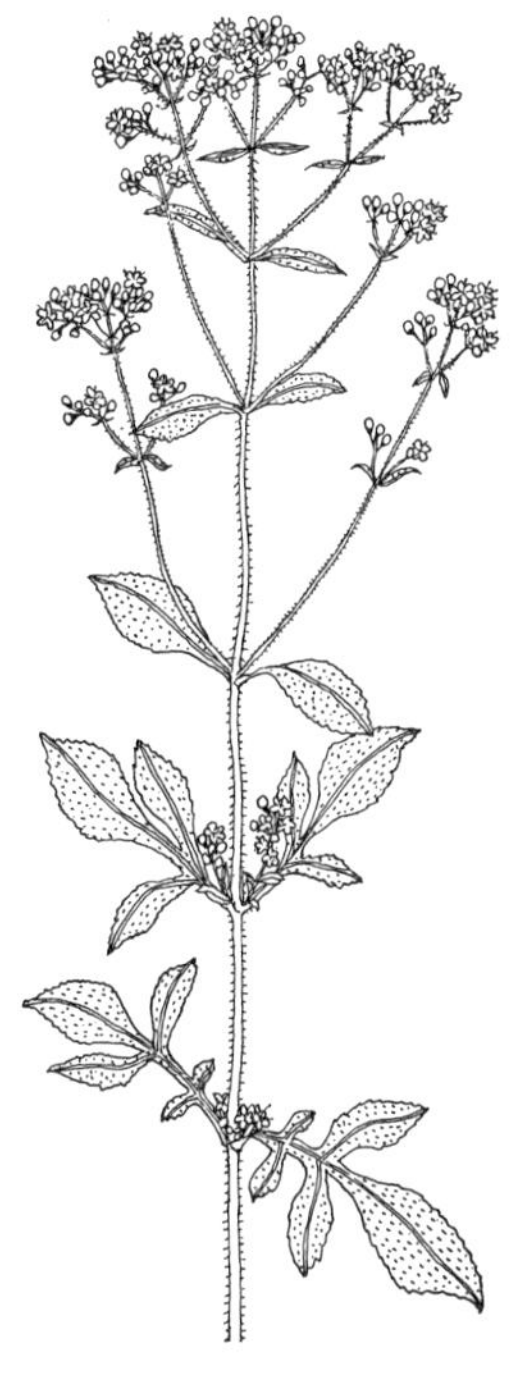

Patrinia villosa Jussieu

恩方ひごたい

キク科の山草。戦前、東京都下の恩方(おんがた)村にかよって、そこの植物を洗いざらい調べあげ、それを目録に作っていたころの収穫の一つである。

秋晴れの一日、尾根の草原に腰をおろして休んでいると、目の前のくさむらに、紅紫色の花をつけた見なれないキク科の植物がある。これは、と思ってさっそく採集し、京都大学の北村教授に調べてもらったら、はたして新種だということで *Saussurea Satowi* の学名で発表された。オンガタヒゴタイというのは、わたしの付けた和名である。

その後、この恩方はキダ・ミノルの〈気違い部落周游紀行〉で有名になったのだが、ほんとうをいうと、十何年のあいだ、休日ごとにそこに通い、うの目たかの目、草木を求めて山野をさまよっていたわたしこそ、そのモデルに最もふさわしい人物であったに違いない。

・絵は、恩方から移植したもの。*8 X 1958.*

Saussurea Satowi Kitamura

いぬたで

赤まんま咲きうづめたる野のおもて不意に揺ぎてしづまる空気　柊二

〝赤のまんま〟の名でしたしまれているタデ科の雑草。畑のふちや、田舎の道ばたの、わりに日あたりのいい草むらに群落をつくり、夏のころから赤い粒々の花の穂を出して、秋の末まで咲きつづける。

ある年の晩秋、信州のどこかで出あったこの花の群落はすばらしかった。高地のせいか、そのいちめんの紅色が底びかりをするくらいに冴えていて、イヌタデの美しさを見なおしたことを思いだす。

〝赤のまんま〟の俗名は、あかい花の粒々を赤飯にみたてたものといわれるが、その小さな粒がそれぞれ一人前の花なので、植物書をみると「がく片は五つに深裂し、花弁はなく、おしべは普通八つ、花柱は三つ……」と記載されている。集団としての観賞もさることながら、ときには拡大鏡でのぞいて、その精密な構造に感嘆するのも、造化の神さまに対する儀礼だろう。

・絵は、わたしの庭に自然にはえたもの。*12 IX 1965.*

Persicaria longiseta Kitagawa

藤袴

キク科の野草。万葉の秋の七草に数えられていたり、そのほか、古い歌によく出てくるせに、めったに行きあわない。わたしは、茨城の笠間稲荷の近くの丘と、荒川沿岸の田舎道でみただけである。荒川の方にはたくさんあったので、その苗をとってきて庭に植えたが、幸いによく育って、毎年九月の末には、淡紅紫色の花をみせてくれる。

方々の野や丘にあるヒヨドリバナとは同属で、形もよく似ているけれども、フジバカマのほうが全体にきっちりしていて、何となく気品がある。もとの満洲国皇帝の紋章の〝蘭〟（蘭草）はこの草であった。

なま乾きの葉には芳香があって、むかしの人は香料として身に付けたといわれる。こんど、そのことを思い出して、万葉人の余香を偲ぼうと、ひそかに試してみたら、それは薄荷（はっか）と桜もちの葉っぱをまぜたような匂いであった。

・絵は、荒川沿岸から移植したもの。*5 X 1958.*

Eupatorium Fortunei Turcz.

やまとりかぶと

秋の山あるきで、ときどき目につくキンポウゲ科の美しい野草。大きいのは一メートル以上になる。

すこし、弓なりになった茎のさきに、かわったかっこうの紫色の花がいくつも付く。その形が雅楽の伶人(れいじん)のかぶる兜に似ているところから、この名前がつけられた。これに近い種類に、レイジンソウというのもあるが、どちらも、わたしの好きな花である。

トリカブト類の根には猛毒があって、アイヌ族が、それを熊狩りの毒矢に塗ったといわれる。しかし、ちかごろでは、この草のなかまは、いけ花によく使われているし、毒矢のことなどは、そろそろ世間から忘れられているようである。たぶん、トリカブトにとっても、それが本望だろう。

・絵は、房総半島竹岡の裏山でとったもの。*11 X 1965.*

Aconitum japonicum Thunb.

天竺葵

フウロソウ科の観賞植物。南アフリカの原産種をヨーロッパで改良したものといわれる。植物図鑑などでは〝天竺葵(てんじくあおい)〟となっているが、いまでは、ゼラニウムといったほうがわかりいい。

茎は丈夫な木質で、花はふつう赤色。春から秋までつぎつぎとつぼみを出して咲きつづける。

そういう点でまことに実用的ながら、なんとなくぶこつなところがあって、わたしにはあまり親しめなかったのだが、先年の秋、ヨーロッパ旅行の至るところで、この花が家々の窓を飾っているのをみて、すっかり認識をあらためた。ことに、スイスあたりの透明な空気のなかでみたこの花の原色は、手彩色の銅版画のように鮮麗だった。

それで、以前描きかけのままほってあった原画をひっぱりだして仕上げたのがこのカットである。

・絵は、百貨店で買った鉢植のもの。*8 VIII 1960.*

Pelargonium zonale Ait.

めがるかや

腰の高さぐらいになるイネ科の秋草。〝刈萱〟ということばは、本来は、刈りとって屋根をふくようなカヤ類の総称らしいのだが、〝キキョウ・カルカヤ・オミナエシ〟などという場合は、このメガルカヤを指すものとされている。別にオガルカヤというのがあるけれども、その方は全体が固くやせていて、あまり見ばえがしない。

メガルカヤも、まことに地味ながら、穂は大がらで、いかにも日本的な渋味をもち、アキノキリンソウやシラヤマギクなど、まわりの秋草たちとおたがいに引きたてあって、晩秋の野山の雅趣を構成する。

以前は、東京の郊外でもよく見かけたけれども、いつの間にか少なくなって、いまではめったに出あわなくなった。何年か前、青梅の裏山でみつけたのがこのカットのものだが、もはやその丘も、最近、鉄道公園とやらができて、つぶされてしまったらしい。

・絵は、青梅付近のもの。*4 X 1959.*

Themeda japonica C. Tanaka

松虫草

マツムシソウ科の秋草。草たけは、ひざから腰の辺ぐらいの高さで、分枝した茎のさきざきに、キクに似たうす紫の花をつける。

この草は分布がひろくて、東京近くの丘陵にもあるし、那須高原でもその群落をみた。「信州の高ボッチ山にいってごらんなさい。見わたすかぎりのマツムシソウが秋風にゆれて、まったく花の波ですよ」と教えてくれた友だちもある。

わたしが、はじめてこの花をみたのは、阿蘇の高原だった。熊本の高等学校時代のことだが、ポーターというイギリス人教師の英会話の時間に、その話をしたら、「おゝ、スカビオサ、わたしの国でも、秋になると、丘はこの花でいっぱいだ」と目を細めた。

マツムシソウのなかまには、外来の園芸種もあって、たまに、その切り花を花屋でみることがある。

・厳格にいうと、日本のものとヨーロッパのものとは別種である。絵は、房総半島竹岡付近のもの。*11 X 1965.*

Scabiosa japonica Miq.

サフラン

晩秋の花。うす紫の弁のあいだから濃い橙赤色の花柱が垂れている。アクセントとしてはよくきいているが、ただ少しばかり長すぎて、いかにも、何かに使って下さい、といいたげだ。そのせいか知らないけれども、この花柱は、西洋では古くから薬用や染料などに使われていたといわれ、日本でも現在薬用に栽培しているところがあるらしい。

早春に咲くクロカス（花サフラン）も、同じなかまで、これはむかしからおなじみのものだが、サフランの方は、五、六年まえ、ある園芸店でみたのがはじめてだった。花のついた球根が泥だらけのまま、木箱にころがしてあって、ひとつ一〇円の札がたっていた。花の美しさにあまり変わりはないのに、なぜクロカスとこうも扱いがちがうのか、少々、義憤を感じたのだったが、結局、一方は観賞用、一方は薬用で、そもそもの毛なみがちがうということらしい。

・アヤメ科。〝泊芙藍〟と書かれることもある。絵は、庭のもの。*20 X 1963.*

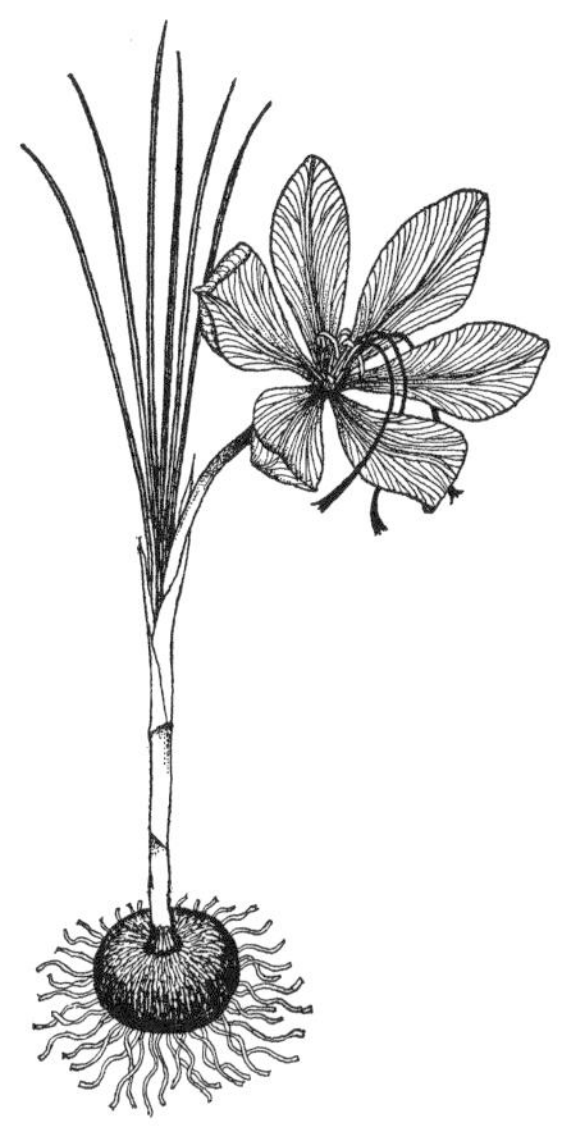

Crocus sativus L.

つりばな

山地の雑木林などに多いニシキギ科の低木。初夏のころ、葉のわきから細ながい柄を垂れ、そのさきがいくつかにわかれて、五弁の小さな花をつける。ツリバナの名は、そこから出たものであろう。だが、せっかくのその花も、暗紫色をおびたうす緑で、あんまり目だたない。

この木が存在を示すのは晩秋である。その紅葉もいいけれども、果実がまことに美しく、ザクロの色をした外皮が五つにわれて、その裂片のさきに、サンゴ玉のような朱赤色のたねをつける。それが、いまにも落ちそうなくっつき方で、サーカスの空中曲芸をみるようだ。その細い柄が長すぎるので、いっそうはらはらさせられる。

・絵は、青梅付近のもの。*4 X 1959.*

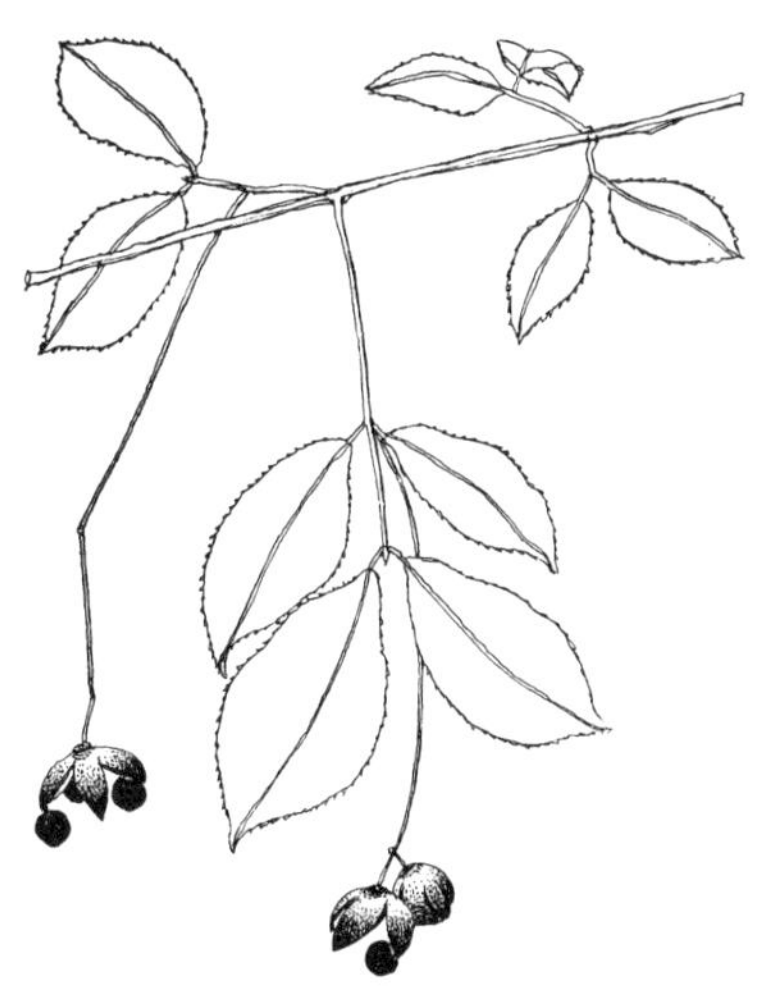

Euonymus oxyphyllus Miq.

梅鉢草

ユキノシタ科の山草。花の大きさといい、形といい、梅の花そっくりである。しかしよく観察してみると、その細工のこみいっていることは、梅の花などと比べものにならない。

第一、少し厚手の白い花弁には、木版画のから刷りみたいな縦の線が打ちこみで入っている。それから、五本のおしべと互いちがいに、淡緑色の仮雄(かゆう)ずいがあって、一つ一つが孔雀の尾羽のように細かく分岐し、そのさきに黄色の小さな玉がある。これは蜜腺らしいのだが、まったく宝石をちりばめたように豪華で、いったい、この花のお客さまはどんな昆虫なのか、その顔をみたいと思うくらいである。

ウメバチソウは、東京辺では一〇月ごろ、日あたりのいい高原の少し湿り気のあるところに咲いている。この花を見かけるたびについ手が出て、庭に移植してみるけれども、どうしてもうまくいかない。属名の *Parnassia* はギリシァのパルナッサス山に因(ちな)んだものといわれるが、野草のくせにいかにも高踏的で、俗界になじまないところなど、たしかにこれはパルナッシアンである。

・絵は、青梅付近のもの。*8 XI 1958.*

Parnassia palustris L.

とねあざみ

キク科の野草。

日本のアザミ類には、春咲くものと秋に咲くものと二とおりあるけれども、種類からいうと、秋のものの方がずっと多い。

トネアザミも、〝秋組〟の一員で、しかも花季がながく、場所によっては一一月の末ごろまで咲いている。

もみじも終わって、すっかりさびれた晩秋の山路に、ふと、この花の鮮やかな紅紫色をみつけたときは、だれでも声をあげるだろう。だがしかし、葉のまわりにはするどい刺がいっぱいあって、うっかりは寄りつけない。その身がまえた感じは、なにか少女歌劇の男役みたいである。

・このアザミは、関東ではどこでもみられる秋のアザミの代表種で、名まえの〝トネ〟は、利根川の〝利根〟である。絵は、東京都の奥地檜原村のもの。*8 XI 1959.*

Cirsium incomptum Nakai

ほととぎす

ユリ科の山草。山かげの、滝のしぶきを浴びるようなところに、懸崖になって生えていることが多い。

笹に似た葉っぱは、*hirta* の種名のとおり、たいへん毛ぶかくてビロードの感じだ。一〇月ごろ、その葉腋(ようえき)ごとに肉の厚い暗紫色の花をつける。牧野植物図鑑によると、「和名ハ杜鵑草ノ意、花蓋片ノ斑点ヲほととぎすノ胸斑ニ比シテ此(この)名ヲ呼ビシナリ」とあるが、まったくそのとおりで、花の内側には紫色の点々がこぼれるばかりに満布し、三つにわかれた雌しべの先まで点々だらけである。

ホトトギスは、いかにも渋ごのみで茶庭にふさわしい。白秋が谷中天王寺のそばに住んでいたころ、その庭にもこの草が植えてあって、わたしは〈秋のいろ深めばさみし師の庭はほととぎすといふ花のみ群れゐて〉などという歌を作ったことを思い出す。それからもう四〇年、あのホトトギスはどうなっただろうか。

・絵は、房総半島のもの。箱根その他関東地方の山地では、そうめずらしくはないが、だいたいは暖い地方のものらしい。*19 X 1966.*

Tricyrtis hirta Hooker

竜脳菊

一一月は菊の季節である。その二日は白秋忌——あの告別の日の、黄と白の菊でいっぱいに埋ずめられた葬場の情景は、いまでも鮮やかに思いうかべることができる。そして、ひえびえと心の奥に沁みるあの菊の香りも。

野生の菊にもいろいろあって、ヨメナやノコンギクなど一般に〝野菊〟と呼ばれているものは、夏の終わりごろから咲きはじめるが、狭い意味のキク属は、栽培の家菊と同じように一〇月から一一月にかけて盛りになる。

リュウノウギクも、その一つである。花は純白で、出来のいいのは栽培種かと思うくらいにうつくしい。この菊は、崖地が好きらしく、そういった場所でよく見かけるが、急斜面いっぱいにそれが咲いているところは、まったく自然の祭壇である。

・絵は、青梅付近のもの。*11 X 1962.*

Chrysanthemum Makinoi Matsum. et Nakai

りんどう

ひるすぎてなほ下つゆの乾かざる落葉の中のりんだうの花　文明

秋草もたいていは実になって、ヌルデやクヌギなどの雑木が色づくころ、ようやくリンドウが咲きはじめる。そういった枯色のなかの碧紫色は、とても印象的で、なんだか、そんな効果をねらって、わざわざ花季をおくらせているようにさえ思われる。

晩秋のある日、郊外の林でこの花をみつけ、そこにしゃがみこんでスケッチをはじめたのだが、一心に万年筆をはしらせているうちに、花を描いた線がぽっと青く滲んだ。おや、リンドウの碧色が——と思うまもなく、それがいつのまにか降り出した時雨(しぐれ)のいたずらであることに気がついたのであった。

そんなことで、スケッチもそこそこに引きあげ、うちに帰ってゆっくり描きなおしたのがこの絵である。

・リンドウ科の野草。花店でみる切り花は、たいていエゾリンドウで、その自生は、すこし高い山地に行かないと見られない。絵は、東京に近い秋川渓谷のもの。
24 X 1965.

Gentiana scabra Bunge

こせんだんぐさ

放浪性の帰化植物といわれ、方々の空地でよく見かけるが、いずれは船倉の貨物にでもくっついて密航してきたものであろう。

放射状に出ている果実の先には小さな鉤（かぎ）がついていて、うっかりその草むらを歩こうものなら、ズボンのすそは、たちまち針鼠になってしまう。この仲間には、*Beggar-ticks* という英名があり、外国でも嫌われ者になっているらしい。

だがしかし、冬がふかくなって、邪魔ものの葉がおちてしまうと、この果実はすばらしいオブジェになる。

ズボンに気をつけながら、枯草原に踏みこんで、ヌスビトハギや、オナモミや、チョウセンアサガオなど、それぞれに趣向をこらした草の実の品定めをするのは、この季節に残されたつつましい楽しみだが、なかでも、この造型は、わたしのお気に入りの一つである。

・キク科。このなかまには、センダングサ、アメリカセンダングサなどいろいろある。センダングサというのは、葉が梅檀に似ていることからきた名まえで、コセンダングサは〝小センダングサ〟の意味である。絵は、三宅坂の旧陸軍省跡の荒地にはえていたもの。*2 XI 1960.*

Bidens pilosa L.

力　芝

わが心　むつかりにけり。砂のうへの　力芝を　ぬき　ぬきかねてをり　　迢空

土堤や道ばたや、運動場の隅などに、きまってはえているイネ科の雑草。力芝の名のとおりまったく頑固で、これを引き抜こうと、顔をまっかにして力んでも、金輪際うごくものではない。

初秋から、つぎつぎと黒いブラシのたくましい穂を出すが、霜がれの季節になっても、まだそれが残って、低い日射しのなかに輪光を放っていたりする。

しかし、そのころには、さすがの黒いブラシも脆くなり、北風にのった冬将軍の到来とともに、ひとたまりもなく崩れさってしまう。

・絵は、三宅坂旧陸軍省跡のもの。*18 X 1960.*

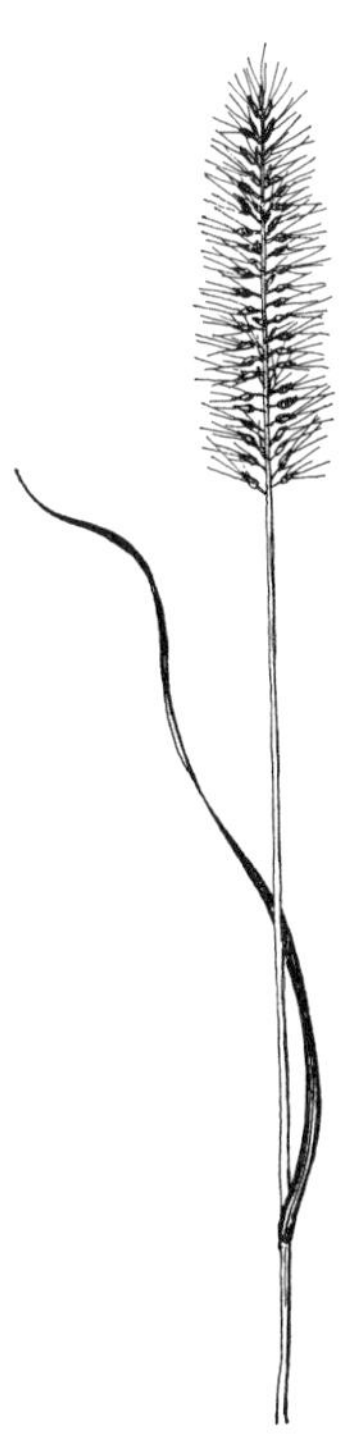

Pennisetum alopecuroides Sprengel

おなもみ

キク科の雑草のひとつ。

名まえのとおり、同類のメナモミにくらべると、ずっと大がらでたくましい。花はさっぱり見ばえがしないが、とげだらけの果実はなかなか風格がある。

植物図鑑では、どこにでもあるように書かれているけれども、東京辺では、そう普通には出あわない。

このカットに描いたのは、三宅坂の旧陸軍省跡で見つけたものだが、その後、そこはすっかり整地されて小公園になった。そういえばわたしの知るかぎり、この草のあった場所は、その次に行ってみると、かならずビルだとか、団地だとかにつぶされている。押しあいへしあいのせっかくの果実も、これでは繁殖のしようがないだろう。

・絵は、三宅坂旧陸軍省跡のもの。*8 XI 1958.*

Xanthium strumarium L.

やつで

ウドなどと同じウコギ科の植物。

〝八つ手〟は、むろん掌状の葉のかたちからきた名まえだが、ほんとうは、七、九などの奇数にわかれているのが普通で、八つなどというのはない。

大がらにすぎるのか、どこでも隅の方におしやられ、公園なんかでも、もうこのうしろは鉄柵だよ、というような場所に植えられている。

冬が近づくと、壮大な白い花序を出して、せいいっぱい威勢を示すのだが、あいにく、そのころは公園などを散歩する人も少なくなってしまう。

なにか気の毒なような、いつも陰影をまとっている木である。

・絵は、庭のもの。*24 XII 1961.*

Fatsia japonica Decne. et Planch.

くちなし

アカネ科の低木。九州などの暖地には自生があるが、ふつうは、庭木として植えられている。梅雨のころ、六片にわかれた白い花をひらき、甘ったるい、いい匂いがする。

果実がまたなかなかしゃれていて、六片のがくが、角のように反りかえっているところなど、装飾燈のデザインになりそうである。冬枯れに入ると、その実が色づいて、庭の植え込みのなかに、いくつもの橙色のランプをともす。

このように、花も実も人の目をたのしませてくれる奇特な植物はめったにないが、そればかりか、この実は染料としても有名で、古く飛鳥時代から使われたものらしい。

うちの家内は、毎年、それをお正月料理のきんとんの色付けにつかっている。それで、わたしの庭では、この橙色のランプは、歳末をつげる信号燈のように見える。

・絵は、庭のもの。*26 XII 1959.*

Gardenia jasminoides Ellis

青木

アオキは、わたしたちには庭木としておなじみだが、ほんらいは、日本の暖地にひろく分布する自生種で、ツンベルグによって学界に発表された日本植物のひとつである。*Aucuba* の属名はアオキの和名にもとづいたものだが、まったくアオキとはよく名づけたもので、葉はもちろん、枝や幹まで緑一色だ。

冬がふかむにつれて、その葉かげに粒々の果実が赤く色づき、一二月ごろには、すばらしいアクセントになる。いったい、この全身緑一色の組織から、どうしてあの鮮やかな赤が発色するのか、ほんとうに不思議である。

・雌の木と雄の木と別株だから、むろん雄の木には果実はできない。絵は、庭のもの。*7 I 1961.*

Aucuba japonica Thunb.

ポインセッチア

美しき花かとも朱にきはまりしその葉を見ればあはれポンセチア　　柊二

トウダイグサ科に属するメキシコ・中米原産の木性植物。日本にも古くから渡来し、〝猩々木〟の和名があるが、ちかごろはクリスマスの飾りとして大はやりで、一二月になると、あちこちの花店はこの花のまっ赤な炎につつまれる。もっとも〝花〟といっても、緋色の大きな花びらのように見えるのは実は苞と葉なので、その中心にある黄緑色の粒々のところが、ほんとうの花である。

これならすぐ描けそうだとスケッチしてみたのだったが、何枚かいても、どこかしらぴったりいかない。それで、いろいろ観察しているうちに、下の葉っぱの付き方が変わっているのに気がついた。葉柄と葉面の境目のところが、ある角度で屈折しているのである。いかにも、奇麗な上の葉っぱばかりがもてはやされるので、下の葉っぱは少々おかんむりという格好だ。で、そのつもりになって描いたら、こんどはうまくいった。

・絵は、園芸店で買った鉢のもの。*19 XII 1961.*

Poinsettia pulcherrima Graham

柊

ヒイラギはモクセイ科で、しかもモクセイと同じ属である。

暖い地方に多く、よく生垣に植えられている。少年のころ、その葉っぱをちぎって、まんなか辺の刺を指ではさみ、風ぐるまにして遊んだことを思い出す。その黒びかりのする葉面は、いつも荷馬車なんかの土埃によごれていて、口をとんがらせて息をふくと、火山灰質の白いほこりが、南国の冬の日射しのなかにちかちかと飛んだ。

この木は、クリスマスにつかうホーリイ（西洋ヒイラギ）によく似ているけれども、分類上の位置は、ずいぶん離れていて、あの方はモチノキ科である。ヒイラギの果実は青黒色なのに、西洋ヒイラギは赤くなるのが特徴だし、それに葉のつき方も、日本のは対生、西洋のは互生になっている。

ヒイラギはわたしの好きな木の一つだが、西洋ヒイラギの方は、それほど魅力を感じない。どうも、あの針金を芯にしたクリスマス用の安手の造花がいけないらしい。

・絵は、東京牧野庭園のもの。*18 XI 1960.*

Osmanthus ilicifolius Standish

やどりぎ

クリスマスの飾りに使われるヤドリギ科の寄生植物。その季節になると、東京の花店でもときどき見かける。西洋のものは、果実が蠟のように白いそうだが、日本のものは飴色である。

日本のヤドリギは、エノキ、サクラなどの木の枝に寄生し、冬がきてそれらの木々が落葉すると、よく目だって、そのかたまりがまるで大きな鳥の巣のようにみえる。

欧州では、古くから悪魔よけの霊木とされ、そのほか、クリスマスには、ヤドリギの下でなら誰と接吻してもいいという慣習があるらしい。

わたしは、東京のある公園のベンチのすぐそばの木にヤドリギがあるのを知っているのだが、たぶん、それに気のつく恋人たちはいないだろう。

・絵は、店で買ってきた小枝。*20 XII 1963.*

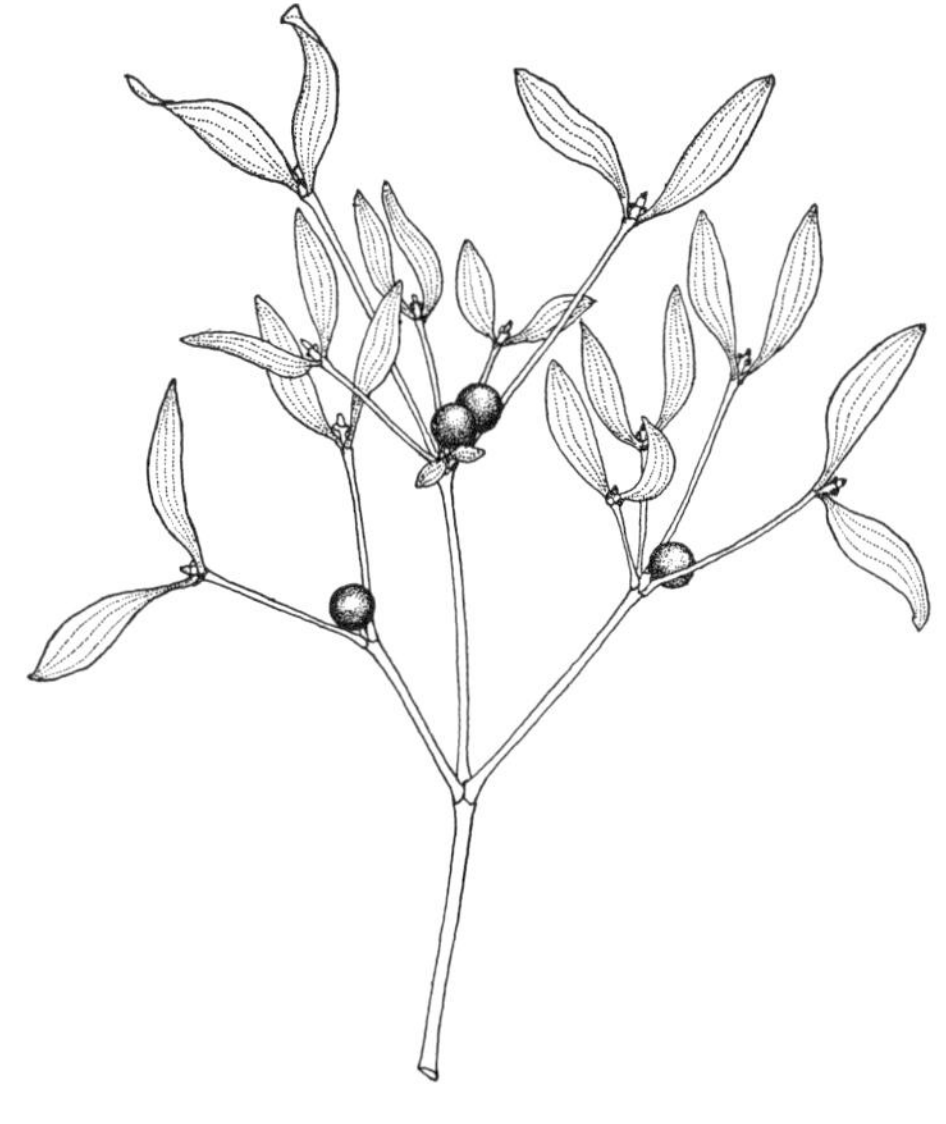

Viscum album L. var. rubro-aurantiacum Mak.

あとがき

中学生時代の夏休みの宿題いらいこの年齢になるまで、ひまさえあれば、野や山に植物採集をつづけているわたしなのだが、戦後まもなく、近くの古本屋で、日本楽器の社長、川上嘉市(かいち)さんの自筆の植物図譜をみつけ、これに刺戟されたのが機縁となって、草木のスケッチも手がけるようになった。

そのうち、白秋同門の宮柊二さんのすすめで、短歌の雑誌〈コスモス〉に、植物の絵と文を連載することをはじめた。そして、おだてられるままに、かれこれ一〇年ちかく続けてしまった。そんなことで、材料もたまったし、そのなかの一〇二種類を一冊にまとめることにしたわけである。もっとも、絵は大部分あたらしいものと取りかえ、文章もだいぶん書きたした。

扱った植物は、庭で育てたものや、次女のいけ花のおさがりや、東京ちかくの野や丘で採集してきたものなど、ごく身ぢかなものが大部分である。我流の、まったくお恥しい絵だが、すべて実物をお手本にいっしょうけんめいに描いた。へたながらも、草木にたいするわたしの愛情がすこしでも滲みでていたらうれしいと思う。

忙しい公職をもつわたしが、こんなのんきな本を出したりすると、いかにも、本務をおろそかにして、わき道に熱中しているように誤解されそうである。しかし、これは、まったく業余(ぎょうよ)の息ぬきであり、ひとさまがゴルフや麻雀を楽しみ、野球放送などに興じておられる時間をあてての、わたしなりのレクリエーションなのだから、このくらいのあそびは許していただけるだろう。

・内容は、三月ごとに分けてみたけれども、花によっては他の季節にまたがるものも多いから、これはいちおうの目安にすぎない。なお、なにかの参考にと思って、それぞれの材料の出所のほか、スケッチの日付を書きそえておいた。

・絵には、学名を付記したが、その多くは、いわば飾りみたいなもので、変種名などを略したものもあるし、またアジサイのように、わざと古い名まえを出したものもある。その選択は、べつだん学術的な意味をもつものではない。

・本文でたびたび引用した〈牧野植物図鑑〉の文章は、牧野富太郎博士の〈日本植物図鑑〉旧版によったものである。新版の〈牧野・新日本植物図鑑〉では、全部口語体に改められているので、念のために書きそえておく。

エッセイ　本棚の可憐な庭

市川春子

植物を描いている時が一番楽しい。あいにく庭がないので切り花を買って描くことが多い。植物は、薄く柔らかな花弁に代表される甘美で詩的な部分と、建築的で規則正しい構造の幾何学的な部分を両立させなくてはならず、本当に難しい。それでもその物体としての正しい美しさに触れていると、自然の秘密を紐解いているようで何だか安心するのだ。

ある日、古本の中にこれはという理想的なスミレの画を見つけた。それが『画文集花の絵本』であった。素朴ながら確かな知識に裏付けられたスケッチなのは一目瞭然。白い空間を存分に生かしたレイアウトが美しい。ぱらぱらと一通りめくった後、この素晴らしい植物画集をなぜ今まで知らなかったのだろうと最初から読み始める。するとすぐに序文の中で不思議な文言に出くわす。

一心不乱にスケッチのペンを走らせているあいだは、まったく無念無想で、その日、国会で叱られたことなどすっかり忘れてしまう。

突然の国会。すぐさま巻末の著者紹介に目を通す。するとやや謎が解ける。著者佐藤達夫氏の当時の肩書きは、人事院総裁。さらに調べてみると、一九三二年から法制局に勤務し、終戦後の一九四五年には日本国憲法の作成にも携わった人物とのこと。その後、法制局長官となり、一九六二年からは人事院総裁を務める。人事院とは国家公務員を管理する組織のことで、その総裁とは国家運営の人事トップということだ。故に国会の答弁に立つこともあったというわけだ。しかし社会的にすごい肩書きである。超えらいおじさん。そんなこの世で最も多忙そうな部類の人が、こんな繊細なスケッチを描いていたとは驚きだ。

画もすばらしいが、文章もすてきだ。植物への限りない愛と深い知識と思い出が率直に簡潔に述べられている。出張先の西ドイツにてセイヨウヒイラギを一枝所望した話や、スウェーデン帰りの議員からお土産として分けてもらったリンネ旧宅のコスモスの種を育てるも意外な結果に焦る話など、昭和三〇年代の情緒が知的な感傷を伴って心地よく感じられる。佐藤氏は土日の天気が良ければ野山に飛び出し野草を見て回り、雨ならばスケッチに勤しむ、という具合だったそうだ。植物愛好家特有の恐ろしいパワフルさ。その熱量は、カレル・チャペックの『園芸家12カ月』を思い出す。熱心な植物愛好家は、本人は真摯そのものだが、どこかユーモラスな忙(せわ)しなさを感じることが多い気がする。植物の静的な雰囲気と比べコントラストが際立つからだろうか。

しかしやはり、この著者特有の面白みは、佐藤氏の本務を知っているのと知らないのでは読みとれる味わいの幅が異なるところだと思う。『植物誌』の福寿草の項目では、属名*Adonis*について次のように述べている。

> それ［福寿草］を栽培して、正月の飾りにするようになったのは、江戸時代のことといわれるが、そのむかし、数多い春の山草のなかから、いみじくもこの花を選びだした先覚者は、いったいどこの誰なのか、いずれ名もない町の好事家(こうずか)にちがいないが、その人こそは、〝アトラス〟なんかの設計者よりも、よっぽどすばらしいとわたしは思う。

〝アトラス〟は、一九五〇年代後半にアメリカ空軍で開発された大陸間弾道ミサイル（ＩＣＢＭ）のこと。

太古から全ての生物の礎(いしずえ)となりながらも逞(たくま)しく変容してきた植物の世界と、生物の頂点に立ちながらも常に不満と不安を抱えたホモサピエンス社会を支える公職を行き来する心情は、どのようなものであったろうか。

牧野富太郎博士との親交や、短歌の師であった北原白秋への思慕も多く語られている。私が手に取るきっかけとなった楚々(そそ)とした装幀とレイアウトは自身で手がけたとのこと。多才ぶりに恐れ入る。読むほどに佐藤達夫氏が立体的な人物像として捉えられるようになる不思議な魅力に溢れた本だ。氏の植物関連の本は十四冊出版されたが全て絶版。しかし、このたび『植物誌』が復刊され、とてもうれしい。さらに贅沢を言えば、この正しさと美しさと知識に適ったシンプルで美しい全集が出ないものか。きっと本棚に可憐な秘密の庭を持った気分になれるだろう。

（いちかわ・はるこ　漫画家）

（初出＝「スピン／spin」四号）

解説　人間愛が育んだ植物への愛好

大場秀章

本書の著者佐藤達夫は、福岡県久留米市で、一九〇四（明治三七）年五月一日に生まれた。東京帝国大学法学部卒業後、法制局長官などに就いた法制の専門家である。一九六二年からは人事院総裁となり、一九七四（昭和四九）年九月一二日に亡くなるまでその職にあった。この間、日本国憲法の立案などを担当した。『行政法』（学陽書房、一九六〇年）、『日本国憲法成立史』全四巻（有斐閣、一九六二－一九九四年）、『国家公務員制度』（学陽書房、一九七五年）等の専門分野の著作も少なくない。

そうした法制の専門家、佐藤が採集し、作成したおし葉標本が、世界でも有数の植物研究センターである東京大学総合研究博物館に収蔵されている。そのなかには、植物学の専門家により新植物として記載された、学術的にも貴重な標本も含まれている。

玄人跣の植物研究

おし葉とは、重石（おもし）などで圧をかけて乾かした植物標本で、一六世紀にはイタリア・ボローニャ大学のルカ・ギーニが作成していた。ギーニの標本は散逸したが弟子のゲラルド・チボーの作成した標本は現存する。

古くから知られていたおし葉標本だが、現在でも植物の研究に重用されており、世界的な植物研究センターとして名高い、イギリスの王立キュー植物園は、七〇〇万点以上のおし葉標本を収蔵し、多岐にわたる植物学の研究や教育に利用されている。

研究とは別に、おし葉を趣味として収集する植物愛好家も少なくない。佐藤もそうした愛好家のひとりだった。

「私の恩人たち」（『自然の心』〈一九七二年〉に収録）で、佐藤は卒業した郷里にある福岡県立明善高校（当時・福岡県立中学明善校）の教師松田宇三郎に、夏休みの宿題に提出したおし葉標本を褒められたことが、植物好きになったきっかけだと書いている。松田先生から受けたおし葉標本への関心は、法律を学ぶことを決心した後も続いていたのだ。

後に、佐藤は著名な植物学者、牧野富太郎と親しく接しただけでなく、指導を受け、牧野の植物採集のお供をしたほどの熱の入れようだった。植物への関心は佐藤が内務省に入省した後も続いた。一九六二年に人事院総裁に就任する前は、地域を決め、あたかも悉皆（しっかい）調査でもするかのように、その地域に何度も通い、その地に生える植物を漏らすことなく調べるなど、玄人跣（くろうとはだし）の採集行脚もしている。そうした調査の成果の一部は、『武蔵国元八王子城山及其（そ）の附近恩方（おんがた）村山地所産植物目録（予報）』（一九五一年、日本生物愛護連盟刊、『セコイア』Ｉ

ー1及び2号掲載）、『常陸国西茨城郡笠間町城山所産植物目録』（一九五一年）や東京都の青梅市と埼玉県の入間市・飯能市にまたがる加治丘陵を対象地域とした『武蔵国加治丘陵植物仮目録』（一九五五年）と題した報告書として公表している。

植物に高い関心をお持ちだった昭和天皇が、皇居や御用邸のある那須や伊豆の植物を調査され、またその成果を刊行された際に、専門の植物学者である本田正次（まさじ）、木村有香（ありか）、原寛（はらひろし）、北村四郎博士らと共に協力者として名を連ねているのも、植物についての佐藤の植物への見識の高さによっていよう。

師弟の枠を超えた人間愛と良き師との出会い

佐藤は後に、高校時代に教わった松田宇三郎先生について、「子供たちのなかまにはいって、親身のつきあいをしてくれた。その指導は、教壇の上下を超越した人間的交流に及んでいたといっていいように思う」と振り返る。

さらに、その後マスプロ教育が主流の東京大学法学部に学ぶが、そこでも民法の穂積重遠（ほづみしげとお）先生の講義は、「〝考えさせる講義〟で、聞いていてはがゆいくらい、断定的な結論を示さず、いろいろな判例や実例を引用しながら、考え方のすじみちを暗示されるだけということが多かった」と書き、続けて「講義のあとでは学生たちが教壇をとりまいて、さかんに質問をした。しじゅう微笑をたたえながら、私たちの相手をされていた先生の温顔は尊い思い出のひとつである」と述べている。

これは私の想像だが、佐藤はひとりコツコツと勉学に励むのではなく、師弟の垣根さえ超えて、互いに意見を交わし、切磋琢磨し、実力を伸ばしていく、そんな教育のあり方に惹かれる性向が強かったのだろう。

実際、佐藤は上述した意味での良き指導者に恵まれたのだ。歌人の北原白秋もそのひとりである。優れた師であった牧野富太郎から植物について学んだように、佐藤は少年の頃から短歌にも興味を抱き、『思ひ出』や『邪宗門』などを通じて、白秋に傾倒していったという。歌誌『日光』の会に入り、選者に白秋を希望し、歌稿を送ったという。その後、一九二六（大正一五）年に、白秋の高弟、村野次郎に連れられ、谷中天王寺の白秋邸を訪れ、それ以降熱心な白秋通いが始まったと、自ら記している。その後、白秋は馬込、若林、砧（きぬた）、阿佐ヶ谷などに転居するが、佐藤はそれを追いかけもしたようだ。一九三五（昭和一〇）年には歌誌『多磨』が創刊され、佐藤は同人格に扱われるようになったという。師弟の枠を超えた切磋琢磨のさまが目に浮かぶようだ。

植物熱と魅力溢れる文章

公務に就いた佐藤を待っていたのは、休暇さえも満足に取れぬ多忙な日々の明け暮れだった。それでも佐藤は、休暇ばかりか公務中のわずかな間隙（かんげき）を見つけ、路傍などに生える植物の観察や標本とするための採集を続けていたのだ。その成果が、植物学者の著作かと勘違いするほど、数多くの植物が登場する諸々の随筆集となって刊行されたといってよい。

しかし、佐藤は唯、植物名を著作に登場させ、散りばめただけではない。花の有無や咲き具合といった誰しもが気にする情報は無論、目にしたときの様相を臨場感に溢れる筆致で伝えてくれるのだ。さらに、先人たちが取り上げた植物に献上してきた詩歌や文言、それらに加えて何よりも他の追随を許さぬ佐藤自身の個々の植物についての蘊蓄(うんちく)である。

佐藤が植物を中心にして書いた著作は、そのすべてが今もなお多くの読者を得ている。没後五〇年近くにもなるのに読者を魅了してやまないのは何故だろうか。もちろん、その主因は佐藤が植物に注ぐ目がとらえた、新鮮かつ印象的な記述である。いずれも、平易でリズミカルで無駄がない。しかも含蓄に富んでいる。

しかし、私はそれだけではない、と思う。それは、佐藤ならではの鋭い観察力に加えて、結果をまとめ表現する資質の協働が生み出す魅力である。誰が書いてもそうなるとは限らない。佐藤の書く植物についての記述は、そのすべてにおいて借り物でない臨場感が溢れており、読者を効果的にその場に誘(いざな)う。

佐藤の植物の記述には白秋が訓導した高度な表現力が利いている、といってよい。読者を引き込む文章力も佐藤の随筆に具わる不可分の要素といってよい。植物のことに詳しくない読者といえども、佐藤の記述する植物に心を揺さぶられることはないだろうか。佐藤の書く文はそうした魅力を具えていると、私はみるのだ。

ボタニカルアートへの傾注

一九七〇年代に入り、日本では植物を描いた画作、ボタニカルアートが植物愛好家の間で注目を集めるようになった。佐藤は日本でブームになる以前からボタニカルアートに関心を抱いていた。

一九七三年五月一四日の「朝日新聞」(朝刊)に連載した『花を描く』で、佐藤は「厳密さと芸術性　雅致たたえる植物画」と題し、太田洋愛(ようあい)その他の植物画家によるボタニカルアート展というのが回を重ねていることに関連して、ボタニカルアートを「植物学的な正確さを厳しく守りながら、しかも、単なる説明図や標本画をこえた芸術性を意図するものだ」とし、それが科学的な堅実さだけに徹した図鑑その他の標本画と、光琳(こうりん)のカキツバタのような花鳥画だとかゴッホのヒマワリだとかのように芸術至上の行き方の、「中間にあるひとつの分野」だといってよさそうであると書いている。言い得て妙な卓見だ。

加えて佐藤は、科学的に正確な写実ならば、だれが描いても同じになりそうなものだが決してそうではなく、「カーチス〔ボタニカルマガジン〕のように多くの画家が分担する場合、統一上の必要から相当の制約を免れないにもかかわらず、これはフィッチ、これはだれだれ、というように見わけがつくし、〔中略〕、そこには強烈な個性の主張がある」という指摘を忘れない。

佐藤が植物を中心にして書いた著作にはいくつかの特色があるが、彼自身が上記のボタニカルアートについて述べた、相当の制約を免れないにもかかわらず存在する「強烈な個性の主張」は、その重要な一点だといえるだろう。それこそ佐藤の著作を貫く特色であると、私はみる。

また、佐藤は「室を飾れるような、美しくて個性的なボタニカルアートの向上と普及――これが私の願いである。それは、ただ眺めて美しいというだけでなく、とことんまで生の自然を見つめて描かれたものであるために、植物学的な啓発とともに、造化の妙に対する感動までも伝えてくれるからだ」と述べる。彼の植物への関心は、ただ植物学という学術や、芸術のためだけではない、そのいずれにも通底する人間愛あってのものであるように思えるのだ。

多様性への関心を促す

タンポポやハギ、ヒガンバナ、マツヨイグサなど、多くの読者にとって旧知の植物を数多く文中に取り上げるが、それもただ名前を出すだけでない。例えば、郷里の九州にはシロバナタンポポが多く、タンポポは白いものだと思い込んでいたが、東京辺では白はごくまれであることに気付いた、といった蘊蓄の数々は列記する暇(いとま)もないほどである。

タンポポ同様に、スミレの名を知らない人は皆無だろうし、その多様性も存外知られている。にもかかわらず、「野草巡礼」(『自然の心』収録)で佐藤が書く、個々のスミレの種(しゅ)の形状の説明には、知らぬ間に引き込まれ、自分にもあった遭遇の場面を思い出す人もいるにちがいない。植物や動物の多様性の真の理解には科学的分析に加え、ここで佐藤が語るようなアプローチがもっと試みられてしかるべきではないだろうか。

さらに、話題の広さ、時事性、それに自然保護等にみる佐藤の強い主張は今なお傾聴に値する。

ハマボウ

ここまでたびたび紹介してきたエッセイ集『自然の心』に収録されている「三浦半島のハマボウ」は、私にとって思い出深い一篇である。ハマボウは、いわゆるハイビスカスの仲間の日本固有の野生種で、奄美大島から、九州、四国を経て、本州の太平洋側沿岸を北上し、神奈川県天神島(てんじんじま)まで分布している。つまり、天神島はハマボウが分布する北限の自生地で、海岸の岩礫地(がんれきち)に生えている。現在、そこはハマオモトや他の海岸植物と共に、今では県の天然記念物に指定され、保護されている。

その天神島で、佐藤は一九三五年八月二日にハマボウを採集した。これが天神島でハマボウを採集し、その所在を明らかにした学術上の最初の発見だった。その時に作成した標本を佐藤は東京大学に持ち込んだが、彼自身が記すように、長らく行方不明となっていたのだ。その標本を未整理標本中に見出したのが私だった。採集時から三〇年以上も過ぎた一九六九（昭和四四）年で、その行方不明の標本が見つかったことはよほど嬉しかったのだろう。佐藤は翌年、「三浦半島のハマボウ」の初出となった一文を、発見地である横須賀市が刊行する『横須賀市博物館雑報』一五号に同じ表題で書いたのだ。

その報文によれば、ハマボウを発見した一九三五年当時、佐藤は内閣法制局の参事官になっていたが、役所はまだ暇だったらしく、週末には殆ど欠かさず東京大学の植物学教室に採集品を持ち込んで、本田正次先生らから教えを受けていたという。おそらく佐藤にとって、ハマボウの標本は、一番植物と接する時間が長かった幸せな時を象徴するものであったにちがいない。

『植物誌』

一九六六年に雪華社から出版された本書、『植物誌』は佐藤の最初の植物関係の著作だった。春夏秋冬に分け、季節毎に取り上げた一〇二種類の植物に、挿画に添えておよそ四〇〇字ほどの解説を添えた画文集である。その「あとがき」で、「戦後［太平洋戦争後のこと］まもなく、近くの古本屋で、日本楽器の社長、川上嘉市さんの自筆の植物図譜をみつけ、これに刺戟されたのが機縁となって、草木のスケッチも手がけるようになった」と記され、さらに、「[北原]白秋同門の宮柊二さんのすすめで、短歌の雑誌〈コスモス〉に、植物の絵と文を連載することをはじめた」と、本書誕生の経緯を記している。本書の上梓は、後に佐藤が植物を対象にした数々の随筆や植物記等を出版する契機になった、記念すべき第一歩であったといってよい。

末尾に、佐藤の植物についての著作（学術報告等は除く）一覧を掲げておく。

『植物誌』一九六六年（雪華社）、第一五回日本エッセイスト・クラブ賞受賞、一九七一年一〇刷改版
『画文集　花の絵本』一九七〇年（東京新聞出版局）
『花の画集』一―三、一九七一―一九七三年（[中日新聞東京本社]東京新聞出版局）
『自然の心』一九七二年（毎日新聞社）
『花の幻想』一九七四年（矢来書院）
『私の植物図鑑』一九七五年（矢来書院）
『画文集　私の絵本』一九七六年（矢来書院）
『植物誌　続』一九七七年（学陽書房）
『佐藤達夫画文集　県の花』一九七八年（矢来書院）
『定本　花の画集』一九九一年（[中日新聞東京本社]東京新聞出版局）

『佐藤達夫　花の画集　SATO'S FLORA』a・b、一九九五年（ユーリーグ）

（おおば・ひであき　植物分類学／植物文化史）

本書は、一九六六年雪華社から刊行されたものです。

植物誌（しょくぶつし）

二〇二三年 九 月一〇日 初版印刷
二〇二三年 九 月二〇日 初版発行

著　者　佐藤達夫（さとうたつお）
発行者　小野寺優
発行所　株式会社河出書房新社
〒一五一－〇〇五一
東京都渋谷区千駄ヶ谷二－三二－二
電話〇三－三四〇四－八六一一（編集）
〇三－三四〇四－一二〇一（営業）
https://www.kawade.co.jp/

ロゴ・表紙デザイン　粟津潔
本文フォーマット　佐々木暁
本文デザイン　白座（Fragment）
印刷・製本　中央精版印刷株式会社

落丁本・乱丁本はおとりかえいたします。

本書のコピー、スキャン、デジタル化等の無断複製は著作権法上での例外を除き禁じられています。本書を代行業者等の第三者に依頼してスキャンやデジタル化することは、いかなる場合も著作権法違反となります。

Printed in Japan ISBN978-4-309-41990-9

わが植物愛の記

牧野富太郎　41901-5

ＮＨＫの朝の連続ドラマの主人公が予定されている、〈日本植物学の父〉のエッセイ集。自伝的要素の強いものと、植物愛に溢れる見事なエッセイを、入手困難書からまとめる。

草を褥に　小説牧野富太郎

大原富枝　41931-2

全財産を植物研究に捧げた希代の植物学者・牧野富太郎を支えるために妻・寿衛子は厳しい生活に耐え抜き、子どもを育てた。二人の書簡を多数引用して、これまで描かれなかった二人の素顔に迫る評伝風小説。

私のプリニウス

澁澤龍彦　41288-7

古代ローマの博物学者プリニウスが書いた壮大にして奇想天外な『博物誌』全三十七巻。動植物から天文地理、はたまた怪物や迷宮など、驚天動地の世界に澁澤龍彦が案内する。新装版で生まれ変わった逸品！

バビロンの架空園

澁澤龍彦　41557-4

著者のすべてのエッセイから「植物」をテーマに、最も面白い作品を集めた究極の「奇妙な植物たちの物語集」。植物界の没落貴族であるシダ類、空飛ぶ種子、薬草、毒草、琥珀、「フローラ逍遥」など収録。

森の思想

南方熊楠　中沢新一〔編〕　42065-3

熊楠の生と思想を育んだ「森」の全貌を、神社合祀反対意見や南方二書、さらには植物学関連書簡や各種の論文、ヴィジュアル資料などで再構成する。本書に表明された思想こそまさに来たるべき自然哲学の核である。

自己流園芸ベランダ派

いとうせいこう　41303-7

「試しては枯らし、枯らしては試す」。都会の小さなベランダで営まれる植物の奇跡に一喜一憂、右往左往。生命のサイクルに感謝して今日も水をやる。名著『ボタニカル・ライフ』に続く植物エッセイ。

アロハで田植え、はじめました

近藤康太郎　41961-9

1年分の米さえ自作できれば、お金に頼らず生きられる⁉　赴任先の長崎で思わず発見した、社会から半分だけ降りて生き延びる方法。前代未聞・抱腹絶倒のオルタナ農夫体験記。ラランド・ニシダ氏絶賛！

イチョウ　奇跡の2億年史

ピーター・クレイン　矢野真千子〔訳〕　46741-2

長崎の出島が「悠久の命」をつないだ！　2億年近く生き延びたあとに絶滅寸前になったイチョウが、息を吹き返し、人に愛されてきたあまりに数奇な運命と壮大な歴史を科学と文化から描く。

スパイスの科学

武政三男　41357-0

スパイスの第一人者が贈る、魅惑の味の世界。ホワイトシチューやケーキに、隠し味で少量のナツメグを……いつもの料理が大変身。プロの技を、実例たっぷりに調理科学の視点でまとめたスパイス本の決定版！

ワインの科学

ジェイミー・グッド　梶山あゆみ〔訳〕　46726-9

おいしさは科学でわかる。栽培、醸造、味覚まで、わかりやすくワインのすべてを極めた世界的ベストセラー。伝統と最新技術、通説と事実のすべて――常識をくつがえす名著、ついに文庫化！

植物はそこまで知っている

ダニエル・チャモヴィッツ　矢野真千子〔訳〕　46438-1

見てもいるし、覚えてもいる！　科学の最前線が解き明かす驚異の能力！視覚、聴覚、嗅覚、位置感覚、そして記憶――多くの感覚を駆使して高度に生きる植物たちの「知られざる世界」。

犬はあなたをこう見ている

ジョン・ブラッドショー　西田美緒子〔訳〕　46426-8

どうすれば人と犬の関係はより良いものとなるのだろうか？　犬の世界には序列があるとする常識を覆し、動物行動学の第一人者が科学的な視点から犬の感情や思考、知能、行動を解き明かす全米ベストセラー！

動物になって生きてみた

チャールズ・フォスター　西田美緒子〔訳〕　46737-5

アナグマとなって森で眠り、アカシカとなって猟犬に追われ、カワウソとなって川にもぐり、キツネとなって都会のゴミを漁り、アマツバメとなって旅をする。動物の目から世界を生きた、感動的ドキュメント。

これが見納め

ダグラス・アダムス／マーク・カーワディン／リチャード・ドーキンス　安原和見〔訳〕46768-9

カカポ、キタシロサイ、アイアイ、マウンテンゴリラ……。『銀河ヒッチハイク・ガイド』の著者たちが、世界の絶滅危惧種に会いに旅に出た！自然がますます愛おしくなる、紀行文の大傑作！

生物はなぜ誕生したのか

ピーター・ウォード／ジョゼフ・カーシュヴィンク　梶山あゆみ〔訳〕46717-7

生物は幾度もの大量絶滅を経験し、スノーボールアースや酸素濃度といった地球環境の劇的な変化に適応することで進化しつづけてきた。宇宙生物学と地球生物学が解き明かす、まったく新しい生命の歴史！

生命科学者たちのむこうみずな日常と華麗なる研究

仲野徹　41698-4

日本で最もおもろい生命科学者が、歴史にきらめく成果をあげた研究者を18名選りすぐり、その独創的で、若干むちゃくちゃで、でも見事な人生と研究内容を解説する。「『超二流』研究者の自叙伝」併録。

生命とリズム

三木成夫　41262-7

「イッキ飲み」や「朝寝坊」への宇宙レベルのアプローチから「生命形態学」の原点、感動的な講演まで、エッセイ、論文、講演を収録。「三木生命学」のエッセンス最後の書。

内臓とこころ

三木成夫　41205-4

「こころ」とは、内蔵された宇宙のリズムである……子供の発育過程から、人間に「こころ」が形成されるまでを解明した解剖学者の伝説的名著。育児・教育・医療の意味を根源から問い直す。

ヒーラ細胞の数奇な運命

レベッカ・スクルート　中里京子〔訳〕　46730-6

ある黒人女性から同意なく採取され、「不死化」したヒト細胞。医学に大きく貢献したにもかかわらず、彼女の存在は無視されてきた——。生命倫理や人種問題をめぐる衝撃のベストセラー・ノンフィクション。

あなたの体は9割が細菌

アランナ・コリン　矢野真千子〔訳〕　46725-2

ヒトの腸内には100兆個もの微生物がいる！　体内微生物の生態系が破壊されると、さまざまな問題が発生する。肥満・アレルギー・うつ病など、微生物とあなたの健康の関係を解き明かす！

精子戦争　性行動の謎を解く

ロビン・ベイカー　秋川百合〔訳〕　46328-5

精子と卵子、受精についての詳細な調査によって得られた著者の革命的な理論は、全世界の生物学者を驚かせた。日常の性行動を解釈し直し、性に対する常識をまったく新しい観点から捉えた衝撃作！

アダムの運命の息子たち

ブライアン・サイクス　大野晶子〔訳〕　46709-2

父系でのみ受け継がれるY染色体遺伝子の生存戦略が、世界の歴史を動かしてきた。地球生命の進化史を再検証し、人類の戦争や暴力の背景を解明。さらには、衝撃の未来予測まで語る！

イヴの七人の娘たち

ブライアン・サイクス　大野晶子〔訳〕　46707-8

母系でのみ受け継がれるミトコンドリアＤＮＡを解読すると、国籍や人種を超えた人類の深い結びつきが示される。遺伝子研究でホモ・サピエンスの歴史の謎を解明し、私たちの世界観を覆す！

核DNA解析でたどる　日本人の源流

斎藤成也　41951-0

アフリカを出た人類の祖先は、いかにして日本列島にたどりつき「ヤポネシア人」となったのか。中国人・東南アジア人ともかけ離れた縄文人のDNAの特異性とは？先端科学を駆使した知的謎解きの書！

触れることの科学

デイヴィッド・J・リンデン　岩坂彰〔訳〕　46489-3

人間や動物における触れ合い、温かい／冷たい、痛みやかゆみ、性的な快感まで、目からウロコの実験シーンと驚きのエピソードの数々。科学界随一のエンターテイナーが誘う触覚＝皮膚感覚のワンダーランド。

40人の神経科学者に脳のいちばん面白いところを聞いてみた

デイヴィッド・J・リンデン〔編著〕　岩坂彰〔訳〕　46771-9

科学界のエンターテイナー、リンデン教授率いる神経科学者のドリームチームが研究の一番面白いところを語る。10代の脳、双子の謎、知覚の不思議、性的指向、AIと心…脳を揺さぶる37話

脳はいいかげんにできている

デイヴィッド・J・リンデン　夏目大〔訳〕　46443-5

脳はその場しのぎの、場当たり的な進化によってもたらされた！　性格や知能は氏か育ちか、男女の脳の違いとは何か、などの身近な疑問を説明し、脳にまつわる常識を覆す！　東京大学教授池谷裕二さん推薦！

直感力を高める　数学脳のつくりかた

バーバラ・オークリー　沼尻由起子〔訳〕　46719-1

脳はすごい能力を秘めている！　「長時間学習は逆効果」「視覚化して覚える」「運動と睡眠を活用する」等々、苦手な数学を克服した工学教授が科学的に明らかにする、最も簡単で効果的かつ楽しい学習法！

世界の見方が変わる「数学」入門

桜井進　41787-5

地球の大きさはどうやって測った？　そもそも「小数点」とは？　「集合」が現代に欠かせない理由とは？　素朴な問いから、知られざる女性数学者の生き様まで、驚きに満ちた数学の世界へ案内します。

自然界に隠された美しい数学

イアン・スチュアート　梶山あゆみ〔訳〕　46729-0

自然の中に潜む美しい形や奇妙な模様に秘められた「数学的な法則」とは何か？　シマウマの模様、波の形、貝殻のらせん模様など、自然界の美を支配する数学の秩序を図入りで解明する。

著訳者名の後の数字はISBNコードです。頭に「978-4-309」を付け、お近くの書店にてご注文下さい。